The Raccoon in Japan

A Story of Released Pet

海を渡ったアライグマ

人気者がたどった道

浅野 玄［著］
ASANO Makoto

東京大学出版会

The Raccoon in Japan : A Story of Released Pet
Makoto ASANO
University of Tokyo Press, 2024
ISBN978-4-13-063962-0

はじめに

名前を聞けば、その姿をだれもがイメージできる動物の一つが、アライグマだろう。特徴的なかわいらしい模様、器用に手を使ってものを洗うような仕草など、見る人を惹きつける愛らしい動物である。そんなアライグマが、お茶の間の人気者になるきっかけの一つはなんだったかと振り返ると、やはりテレビアニメ「あらいぐまラスカル」を思い浮かべる人が多いだろう。なにを隠そう私も、一九七七年に放送されたこのアニメを、リアルタイムで楽しんでいた視聴者の一人であった。昔はテレビや動物園でしか見ることができなかったアライグマが、今では日本各地で野生化し、さまざまな被害を引き起こすことになろうとは、私を含めて当時はだれも予想していなかったのではなかろうか。

アライグマは、もともと北米大陸に広く分布する動物である。そのアライグマが、日本で初めて野外で繁殖している、すなわち野生化していることが確実となったのは、じつは意外と古い。テレビアニメの放送と同じ一九七七年とされているので、およそ五〇年前ということになる。いくつかの調査から、一九六二年に愛知県のとある飼育施設から逸走した複数頭が、最初の野生化のはじまりだったと考えられている。もちろん、この愛知県の逸走事例だけが由来になって、全国にアライグマの分布が広がったわけではない。

テレビアニメの放送によって国民的な人気を得たアライグマは、その後おもにアメリカからペット目的で多くの個体が輸入された。海を渡ってはるばる日本にやってきたアライグマは、全国各地のペットショップで販売され、一般家庭でも飼育されるようになった。しかし、イヌやネコなど、ペットとして品種改良や家畜化された動物とは違い、アライグマは正真正銘の野生動物である。まだ幼いうちはラスカルのイメージのように甘えて愛らしいが、一年もしないうちに体は大きくなり、本来の野性的な性質が現れてくる。力が強く、木登りも得意なので家中どこでも登ってしまうし、好奇心も旺盛でいたずら好き。ある程度は人慣れするだろうが、家の中で放し飼いができる動物ではない。そうなると、どうしても檻に入れて飼育しなくてはならない。ものめずらしさで飼ってはみたものの、幼いラスカルのイメージとはまるで変わってしまったアライグマを、ついには飼いきれずに野に放したり、逸走してしまったりする事例が各地で相次いだ。こうやって、日本各地で野生化することになっていったと考えられている。

この本では、日本人ならだれもが知っているアライグマについて、六つの章に分けて多様な視点から書き下ろした。第1章では、原産地である北米におけるアライグマの生態とヒトとの関わりについて紹介した。分布域、個体数や食性など、在来種としてのアライグマの生態の概要について書いた。一方で、狩猟獣や狂犬病の媒介動物という視点からのアライグマの位置づけも紹介している。第2章では、ヨーロッパやロシア、そして日本における野生化の経緯について紹介した。ヨーロッパやロシアと日本とでは、野生化の経緯が違うということを知ることができるだろう。さらに、日本でのアライグマ人気のきっかけにもなったテレビアニメ「あらいぐまラスカル」の原作で、主人公スターリング・ノースの少年時代の自伝的小説『はるかなるわがラスカル』の一部も紹介した。小説の舞台は、アメリカのウィスコンシン州にある小さな町。スターリングがラスカルと過ごし、そして手放すことになった、一年間の物語である。原作とテレビアニメとの違いにも気づくことだろう。第3章では、日本各地で野生化したアライグマの被害について記載した。アライグマの被害事例は枚挙にいとまがないので、私が大学院でアライグマの研究をはじめた北海道での事例を中心に、実際に訪れたことがある神奈川県、京都府、和歌山県での被害を取り上げている。第4章では、日本の野生化アライグマの生態や繁殖などについて、さまざまな研究者が報告している内容を抜粋して紹介した。北米と日本とでは、アライグマを取り巻く環境や状況には異なる点が多いが、異国でたくましく生きるアライグマの生態を垣間見ることができるのではないかと思う。研究データにはやや専門的な内容も含まれているが、より深くアライグマの生態を知りたい方には、興味を持っていただけるのではないだろうか。第5章では、日本で行われているアライグマの対策として、捕獲に焦点をあてて紹介した。わが国では、おもに二つの捕獲対策——農業や人間の生活環境への被害を抑えるための捕獲（有害鳥獣捕獲）と外来生物対策としての捕獲（防除）——が並行して行われている。さらに、アライグマの被害対策における課題を理解しやすくするため、捕獲制度や法律についても紹介している。「法律はちょっと苦手！」、といわず、少々おつきあいくだされば幸いである。最後の第6章では、アライグマ問題から学ぶべきことを、おもに外来種対策としての視点から書き下ろした。野生化アライグマが現在のような状況になったもとをたどると、ペットとして輸入された彼らに非があるわけではなく、被害をもたらす害獣にした原因をつくったのは、まぎれもなく私たち人間である。しかし、その良し悪しの議論をいたずらに繰り返して対応を滞らせることは、問題をさらに拡大させて解決を遠のかせるだけだろう。避けては通れない殺処分のことなど、アライグマ問題に関わってから感じてきた私の個人的な思いも交えて、本書を締めくくってある。

私が一九九八年に北海道でアライグマの研究をはじめてから、はや四半世紀が経過した。その間に、アライグマを取り巻く状況は大きく変化した。当初、その分布域はまだ大きくなかったが、残念ながら、その後は分布が各地に広がり、全国的な社会問題になってしまっている。野生化したアライグマによって、今この瞬間にもどこかで発生している被害を抑制するためには、現実的にとりうる対策は進めていかねばならない。その一方で、同じ過ちを繰り返さないための制度をつくり、よりよい社会を整えていくことも求められている。そのためには私たちはどうすべきか、本書が考えるきっかけになればと願っている。

海を渡ったアライグマ／目次

はじめに

第1章──知っているようで知らないアライグマという動物……1

1 アライグマとその仲間たち 1
2 原産地でのアライグマの分布と生態 7
3 狩猟獣としてのアライグマ 12
4 感染症媒介動物としてのアライグマ 16
コラム1 生物の分類 6

第2章──海を渡ったアライグマ……21

1 世界各地に広がったアライグマ 21
2 海を渡った狩猟獣──ヨーロッパやロシアへ 22
3 海を渡ったペット──日本へ 25
4 日本でのアライグマ定着の経緯 30

第3章──問題を起こしはじめた人気者……35

1 なぜアライグマ研究に取り組んだのか 35
2 北の大地での被害──はじまりはトウモロコシ畑のミステリー 38

3　北の大地でのアライグマ対策の試み　47
4　日本各地に広がった被害　50
5　卵が消えた――トウキョウサンショウウオの捕食（神奈川県）　51
6　世界遺産に残された五本の爪痕――神社仏閣への侵入（京都府）　56
7　酸っぱいものも好き――ミカンに群がるアライグマ（和歌山県）　61

第4章――異国で生きるアライグマのたくましさ……67
1　日本におけるアライグマ研究　67
2　アライグマの行動・生態　69
3　アライグマの繁殖　78
4　アライグマの成長と体重の季節変動　91
5　アライグマの食性　98
6　アライグマの病気　101
コラム2　冬眠について　77

第5章――野生化したアライグマの対策……107
1　国外外来種と国内外来種　107
2　アライグマのおもな捕獲制度　108

3　鳥獣保護管理法の成り立ち　115
4　外来生物法ができるまで　116
5　日本におけるアライグマの捕獲状況　121
6　アライグマ対策の現状と課題　127
コラム3　特定外来生物の指定　126

第6章—アライグマ問題から学ぶべきこと……130
1　初期対応の重要性　130
2　予防原則への転換を　140
3　アライグマ対策と殺処分　149
4　野生動物を飼うということ　157
5　外来種問題と教訓　162

おわりに／引用文献

海を渡ったアライグマ

第1章　知っているようで知らないアライグマという動物

1　アライグマとその仲間たち

「まぁるい顔に黒のアイマスク、しましま模様のふさふさしっぽ、手先がとても器用な動物はなーんだ?」——こう問われたら、ほとんどの人たちが「アライグマ!」と答えられるだろう。アライグマ(*Procyon lotor*)は、わが国ではもっとも名前が知られた動物の一種といっても過言ではないだろう(図1-1)。それに日本では、アライグマは多くの動物園でも飼育されているので、その愛嬌のある姿や仕草を、足を止めてじっくりと観察したことがある読者も多いことだろう。しかし、その名前や特徴的な容姿は知っていても、アライグマがもともと世界のどこに生息していて、どのような生態を持っている動物なのかを、くわしく知っている読者は意外と少ないのではないだろうか。この章では、知っているようで知らない、この「アライグマ」という動物について紹介してみようと思う。

図 1–1　岐阜市の住宅街に現れたアライグマ
民家の物置の屋根上で昼寝をしていたアライグマ。近づくと起き出したが、その場から逃げなかった。（2010 年 4 月著者撮影）

まずは、アライグマの分類（コラム1）とその仲間（近縁種）たちについて紹介しよう。アライグマは、ネコ目（食肉目）（*Carnivora*）アライグマ科（Procyonidae）アライグマ属（*Procyon*）に分類される動物である。名前に〝クマ〟という言葉こそついてはいるが、日本に生息しているクマ科（Ursidae）クマ属（*Ursus*）のツキノワグマ（*Ursus thibetanus*）やヒグマ（*Ursus arctos*）とは、分類学的にはまったく異なる動物である。また、動物園ではアライグマとともに人気があり、大きさや姿などの特徴がアライグマともよく似ているレッサーパンダ（*Ailurus fulgens*）も、レッサーパンダ科（Ailuridae）という別の科に分類され、アライグマとは違うグループの動物である。日本哺乳類学会の世界哺乳類標準和名目録によると、アライグマ科には、アライグマ属のほかに、オリンゴ属（*Bassaricyon*）、カコミスル属（*Bassariscus*）、ハナグマ属（*Nasua*）、ヤマハナグマ属（*Nasuella*）、キンカジュー属（*Potos*）のあわせて六属がいる（川田ら 二〇一八）。これら、アライグマ科に属する動物は、おもに北米や南米大陸に分布している。そのため、日本では野生化しているアライグマを除いては、アライグマ科の動物は動物園でしか見ることができない。これらアライグマ科の動物は一部を除き、縞模様がある長い尾が共通の特徴の一つである。

日本に生息していて、アライグマと大きさが近く、よくまちがえられる中型哺乳類には、タヌキ（*Nyctereutes procyonoides*）、アナグマ（*Meles anakuma*）、ハクビシン（*Paguma larvata*）がいる。もちろん、これらのいずれもアライグマ科の動物ではない。タヌキはイヌ科（Canidae）、ニホンアナグマはイタチ科（Mustelidae）、そしてハクビシンはジャコウネコ科（Viverridae）に属し、科のレベルで異なるので、分類学的にかなり違いがある動物である。さらに、タヌキと同じイヌ科のアカギツネ（*Vulpes vulpes*）も加えると、日本の多くの地域では、五種類ほどの中型のネコ目（食肉目）動物を野外で見ることができる、ということになる（図1-2）。しかし、これらのうちで在来種（国内外来種は除く）、つまり日本にもともと生息している動物は、タヌキ、アナグマ、アカギツネの三種だけである。ハクビシンは、古くから外来種説あるいは在来種説についての議論がされてきたが、国内での分布が連続していない、江戸・明治時代に確実な生息記録がない（阿部ら 二〇〇五）、遺伝学的分析（増田 二〇一一）などから、私も外来種であろうと考えていた。そしてつい最近、北海道大学の増田隆一教授が書かれた『ハクビシンの不思議——どこから来て、どこへ行くのか』で、彼らが外来種であることが結論づけられている（増田 二〇一三）。ハクビシンについてはまたあとで少し触れるが、もちろん本書の主役であるアライグマも、日本では国外由来の外来種である。

さて、私たちに馴染みが深いアライグマは、アライグマ科アライグマ属の動物であることは先に述べた。現在、そのアライグマ属には、アライグマのほかに、カニクイアライグマ（*P. cancrivorus*）、コス

図 1–2　アライグマとまちがわれやすい中型哺乳類
①アライグマはアイマスクと尾に縞模様がある。②タヌキは肩や脚が黒く、尾が太い。③キツネは胸と腹が白く、尾や脚が長い。④アナグマは目のまわりだけ黒く、脚が短い。⑤ハクビシンは非常に尾が長く、鼻から頭まで帯状に白い。（すべて野生生物研究所ネイチャーステーション・古谷益朗氏提供）

メルアライグマ（*P. pygmaeus*）のあわせて三種が記載されている（川田ら 二〇一八）。カニクイアライグマは、コスタリカとパナマと南米を原産とし、川沿いを好んで生息している（Zeveloff 2002）。コスメルアライグマは、ユカタン半島の東にあるコスメル島にのみ生息している。国際自然保護連合（ＩＵＣＮ）のレッドリストでは、カニクイアライグマ（Reid *et al.* 2016）もコスメルアライグマ（Cuarón *et al.* 2016）も個体数は減少傾向にあると記載されている。とくに、コスメルアライグマは、絶滅のおそれのカテゴリーとして「深刻な危機（ＣＲ）」に掲載され、野生で極度に高い絶滅のリスクに直面していると考えられている。IUCNとは異なり、アメリカのウェバー州立大学のゼヴェロフ名誉教授によれば、アライグマには、生息する地域によって北米に二五ほどの亜種がいるとされるが、これらを亜種とするか否かの見解は、研究によっても異なるようだ（Zeveloff 2002)。

ところで、アライグマは、英語ではなんというかご存じだろうか。もちろん、「ラスカル」は不正解である。アライグマは英語ではRaccoon（またはCommon raccoonやNorthern raccoon）といい、口語ではCoonと略されることもある。北海道大学の池田透名誉教授によれば、Raccoonは北米のアルゴンキンインディアンのAh-ra-koon-em（手でこする人の意）という語が語源となっており、学名の*lotor*も「洗うもの」という意味に由来するのだという（池田 一九九九）。アライグマと姿がよく似ているタヌキの英名はRaccoon dogで、“dog”があるかないかでまったく別の動物になってしまうからおもしろい。このことで、じつは少し困ることがある。日本では、アライグマが定着している地域のほとんどで、タヌキが同所的に生息しているので、在来種のタヌキと野生化したアライグマとの日本における生態学的な関係などを、海外の研究者に英語で説明するときには、“dog”のあるなしを混同しないように用心して話をしなくてはならないのだ。

また一般に、「野生化した」を意味する英語としてferalを用いることも多く、野生化したアライグマはferal raccoon、愛玩動物が野生化したノイヌはferal dog、ノネコはferal catなどと表現される。一方、wild dogやwild catは、野生化したイヌや野生化したイエネコを意味することもあるのだが、前者はリカオンの後者はヤマネコの英名でもあったりと、なんともややこしい。かくいう私も、英語をほとんど話せなかった（今もさして変わりはないのだが……）大学院生のころ、リカオンに関する英語の論文を研究室のゼミで紹介した際に、African wild dog をリカオンではなくアフリカの野犬と訳してしまい大恥をかいたことは、今では笑い話だ。

さて、話題が英語の話にそれてしまったので、アライグマに戻そう。アライグマの仲間には、ほかに二種（カニクイアライグマとコスメルアライグマ）がいることは先に紹介した。このうち、日本に広く定着しているアライグマについて、原産地の状況をもう少しくわしく紹介していこう。

コラム1　生物の分類

生物の分類学における階層（分類階級）では、一般的に、門・綱・目・科・属・種の順に分類される。上位の階級の生物ほどより広い共通点や相違点でくくり分けられる。種は分類学上の基本的な単位で、通常は同じ種の個体としか繁殖ができない。古くから行われていた形態にもとづいた分類学以外に、近年では遺伝子の情報から分化や進化を探求する分子系統学の研究もさかんに行われ、新たな学説が多く生まれている。私たちヒトを例に分類階級を見ると、ヒトは霊長目・ヒト科・ヒト属に分類される一属一種の生物種である。ヒト科には、ヒト属のほかに、ゴリラ属（二種）、チンパンジー属（二種）、オランウータン属（三種）が含まれる。ヒト科だけを見ても、異なる属や種では分類学的に大きな違いがあることがわかるだろう。

2　原産地でのアライグマの分布と生態

原産地では、アライグマはカナダ南部からアメリカ、メキシコ、グァテマラ、ベリーズ、エルサルバドル、ホンジュラス、ニカラグア、コスタリカ、パナマにかけ、砂漠地帯や標高が高い山脈を除いて広く分布している（Zeveloff 2002）（図1-3）。北米では、一九四〇年代に分布が拡大しはじめ、一九二〇年に六六〇万平方キロメートルだった分布域は、一九八七年には八八〇万平方キロメートルと一・三倍に広がったと推測されている（Sanderson 1987）。これは、北米大陸の面積のおよそ三六パーセント、日本の面積の二三倍以上に相当する広さだ。この分布拡大の要因や背景には、アライグマが自ら分布を広げただけではなく、アラスカ南東沖の島嶼（Scheffer 1947）、ハイダ・グワイ（旧称：クイーンシャーロット諸島）（Hartman and Eastman 1999）やバハマ諸島（Sherman 1954）などの島々を含む各地に、狩猟目的などで人為的に導入されたことなども影響していると考えられている（Gehrt 2003）。

北米では、アライグマは分布域だけではなく、その個体数も著しく増加した。一九八〇年代には、個体数が一九三〇年代の一五倍から二〇倍に増加した、と推測する報告もある（Sanderson 1987）。また、世界的な毛皮価値の低下にともなって狩猟数が減少したことなどから、一九九〇年代にもアライグマの個体数は増加したと考えられている（Gehrt 2003）。ＩＵＣＮのレッドリストによれば、アライグマの個体数は、現在も増加傾向にあるとされている（Timm *et al.* 2016）。そのため、一九九六年、二〇〇八年、そして最新二〇一六年に公表された、いずれのＩＵＣＮのレッドリストにおける評価でも「低懸

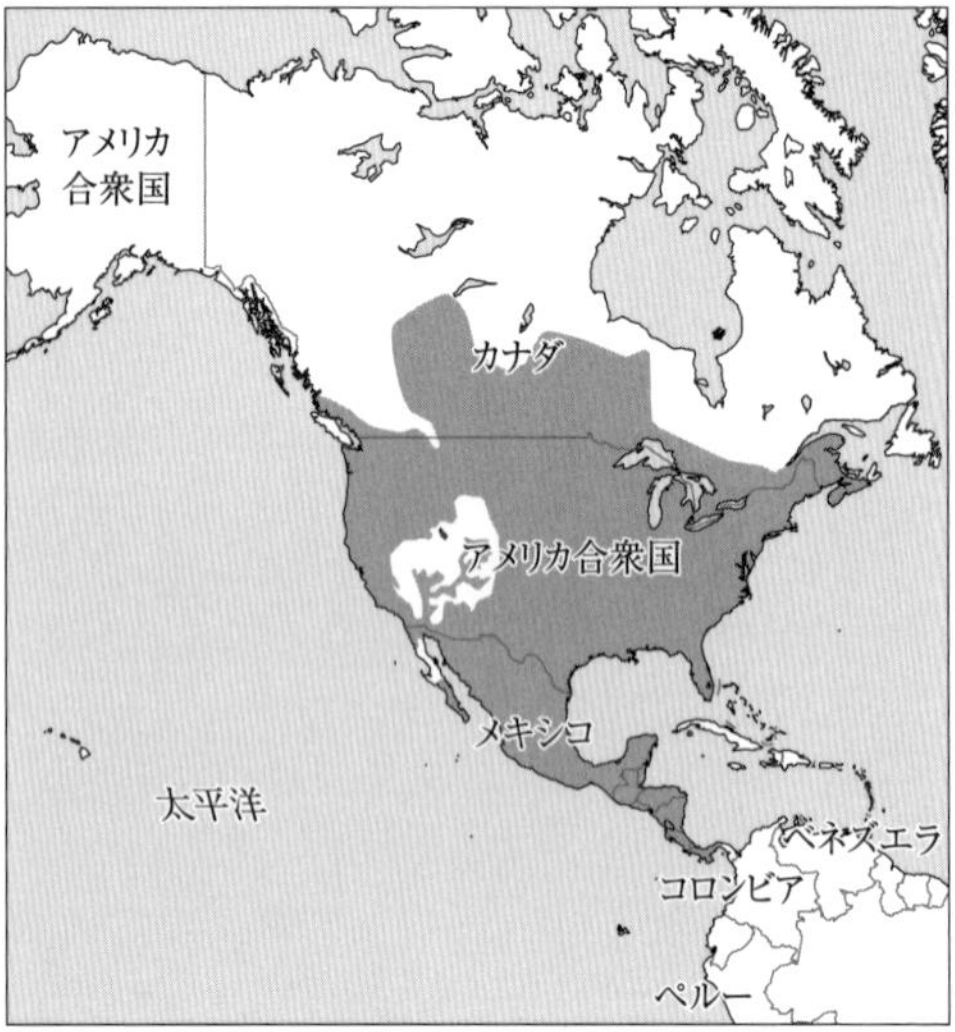

図 1-3　原産地におけるアライグマの分布域
原産地におけるアライグマの分布をグレーで示した。カナダ南部、アメリカ、中米にわたる広い範囲に生息している。（IUCN 2008 *Procyon lotor* より改変）

念（LC）」、つまり絶滅のおそれもなく近い将来に絶滅に瀕する見込みが低い種、とされている（Timm *et al.* 2016）。このような状況をふまえると、アライグマは、北米の哺乳類の中でもっとも分布域が広く、安定的に生息している種の一つであるといえるだろう。

　アライグマが、原産地において広域かつ安定的に分布することに成功した理由には、彼らの生態も大きく影響しているだろう。そこで、原産地としてもっともアライグマの研究が進んでいるアメリカでの調査や報告を中心に、北米でのアライグマの生態について紹介しよう。

　アライグマは、さまざまな環境に生息することができるが、湿地や川、池や用水路、海岸などの水場があり（Kaufmann 1982）、巣穴と食べものが手に入るところを生息地としている。このような条件を満たしていて、樹木が多い場所を好み、農地に隣接する森林はもっともよく利用する生息地の一つになっている（Gehrt 2003）。北米では、ほとんどの都市に大小さまざまな公園があり、公園にはたくさんの樹木が植えられている。このような市街地の公園も、彼らの好適な生息地となっている。逆に、工業地帯や牧草地などはアライグマの密度が低いので（Gehrt 2003）、生息地としては好まないのだろう。

アライグマは、自分で地面に巣穴をつくることはあまりなく、ほかの動物がつくった巣穴や岩の割れ目などの既存の穴を利用して、睡眠・休息・子育てを行うことが多い。とくに、木にできた空洞（樹洞）は、彼らが好んで利用する巣穴の一つである。分布地域によっては、自然の穴だけではなく、家屋・下水道・鉱山の採掘抗などの人工物も、たくみに利用する。多くの個体は、複数のお気に入りの巣穴を持っていて、目的や季節などに応じて巣穴を替えて利用している。利用可能な巣穴の数が限られる環境や冬の間などは、条件のよい巣穴を複数の個体が共同で利用することもあるようだ（Gehrt 2003）。通常、アライグマが利用する巣穴は、水場から数十メートルから数百メートルほどしか離れていないことが多い（Zeveloff 2002）。

北米では、アライグマの個体群密度に関するさまざまな研究があるが、典型的な農業地域では一頭から二七頭／平方キロメートルと推定されている（Moore and Kennedy 1985; Kennedy *et al.* 1986; Gehrt 1988; Seidensticker *et al.* 1988）。一方、都市部の公園や農地に囲まれた森林などでは、個体が集まって高密度になる傾向にあり、ワシントンＤＣの公園では、平均一二五頭／平方キロメートル（六七頭から三三三頭／平方キロメートル）という驚異的な報告もある（Riley *et al.* 1998）。このような高密度な状況は、ごく限られた地域や場所でのみ観察されるものだと考えられるが、餌資源や生息空間さえあれば、アライグマは非常に高密度化する動物であることを示しているだろう。

私は、これまで何度か渡米経験があるが、これだけ広い分布域を持ち個体数も多いはずのアライグマを、残念ながらアメリカの野外で見かけたことがない。その理由の一つは、彼らの活動パターンが影響している。基本的に、野生のアライグマは夜行性で（Lotze and Anderson 1979; Kaufmann 1982）、日中は人目につきにくい巣穴で寝ていることが多い。そのため、人間が活動する日中に姿を見ることはまれである。ただし、子育て中のメスや冬期の気温が暖かな日は、日中でも活動することがある（Gehrt 2003）。夜になると起き出して、餌を探したり徘徊するといった活動が活発になるため、アライグマの行動範囲に関する調査は夜間に実施しないと正確にはわからない、ということだ。

アライグマが、北米で広大な分布域と安定した個体数を維持しているもう一つの理由として、彼らの食性もあげねばならない。ウェバー州立大学のゼヴェロフ名誉教授の著書"Raccoons: A Natural History"（Zeveloff 2002）によれば、アライグマは世界でもっとも雑食性が高い動物の一種で、さまざまな植物、動物、そしてヒトが出す残飯までも食べる。「もっとも風変わりな食べものの一つだったのは、ヒツジの脂で揚げたフライドポテトだろう」と記載されるほどである。彼らが餌資源とするものの種類は、地域によって異なるだけではなく、季節によっても変化するために膨大な数にのぼり、名前を一つ一つあげるのは不可能であるとすらゼヴェロフ名誉教授は記している（Zeveloff 2002）。たとえば、アメリカのカンザス州でのアライグマの食性調査では、種数としては一年間で動物四三種、植物三三種を採食したと報告されている（Stains 1956）。しかし、北米では季節によって相対的な重要性は異なるが、採食量としては動物より植物のほうが一般的に多い。植物としては果実、ベリー類、堅果類（ドングリ・ブナ・ヒッコリー・クルミ・クリなど）を重要な餌資源としている。アライグマの舌には甘い食べものに反応する味覚受容体が多くあるため、野生の果実だけではなく、栽培された果実（ブドウ・サクランボ・イチゴ・リンゴ・モモ・イチジク・スイカなど）も好んで食べる。また、嗅覚も優れているようで、雪の下六〇センチメートルに埋もれたドングリを探し出すことができた、とも報告されている（Zeveloff 2002）。アライグマのもっとも重要な餌資源の一つとなる農作物として、トウモロコシがあげられる。彼らは、私たちの食卓に上るスイートコーンばかりではなく、家畜の飼料などになるデントコーンも利用する。とくに、トウモロコシの穀粒がミルクのような状態になってデンプンやタンパク質を形成する時期（ミルクステージ――北米では八月中旬から下旬ごろ）は、トウモロコシの糖分が高くなるため、彼らにとって絶好のご馳走となる。当然ながらこの時期はスイートコーンの収穫期であり、苦労して育てた収穫直前のスイートコーンが、アライグマによって壊滅的な被害を受けた農家にとっては、経済的損失ばかりではなく精神的にも大きなダメージとなることは、想像に難くない。八月は、春に生まれたアライグマが離乳して食欲が旺盛になる時期でもあり、柔らかくておいしいうえに畑に行けば手軽にたくさん食べられるトウモロコシは、彼らにとって都合がよい餌資源なのだろう。

一方、動物質の資源としては、脊椎動物よりも無脊椎動物を多く採食する（Zeveloff 2002）。無脊椎動物としては、節足動物が重要な餌資源で、昆虫、ザリガニやカニなどの甲殻類、貝類、クモ類、ムカデ類などを好む。脊椎動物としては、オオクチバス・ブルーギル・コイなどの魚類、カエル・サンショウウオなどの両生類のほかにも、ヘビ・トカゲ・カメ・ワニの卵・ウミガメの卵などの爬虫類、鳥類とその卵、小型の生きた哺乳類や哺乳類の死体なども餌資源にする（Zeveloff 2002）。生息地、産卵場所、そして個体群を保全すべき希少なウミガメ（Zeveloff 2002）や海鳥（Kadlec 1971; Hartman *et al.* 1997）などにとっては、アライグマによる捕食が脅威となっている地域も報告されている（Hartman and Eastman 1999; Zeveloff 2002; Gehrt 2003）。

さて、北米におけるアライグマの自然天敵についても少し紹介しよう。原産地で、潜在的にアライグマを捕食すると報告されている動物には、コヨーテ（*Canis latrans*）、ボブキャット（*Lynx rufus*）、ピューマ（*Puma concolor*）、アメリカオオカミ（*Canis rufus*）、アカギツネ、ハイイロギツネ（*Urocyon cinereoargenteus*）、アメリカアリゲーター（*Alligator mississippiensis*）、アメリカワシミミズク（*Bubo virginianus*）ほかのフクロウ類、などがあげられている（Zeveloff 2002）。しかし、これらの天敵に捕食される頻度は少なく、アライグマの個体群にとっては重要な死亡要因にはなっていないとされている（Zeveloff 2002）。つまり、分布域も広く個体数も安定しているアライグマにとっては、自然天敵による捕食は、個体群に影響をおよぼすほどの脅威にはならないということだ。

3　狩猟獣としてのアライグマ

アメリカは狩猟者大国で、アメリカ合衆国魚類野生生物局（U.S. Fish and Wildlife Service）が公表した調査（U.S. Fish and Wildlife Service and U.S. Census Bureau 2016）によれば、二〇一六年にはアメリカの全人口の約四パーセントに相当する一一五〇万人もの人々が狩猟を楽しんだと報告されている。この報告書では、狩猟対象の内訳も明らかにされていて、狩猟者の多くはシカやクマなどの大型獣を対象としたBig game hunting（九二〇万人）であるが、ウッドチャック（*Marmota monax*）、アライグマ、キツネなどの中型獣の狩猟（Hunting other animals）を楽しんだ人たちも、一三〇万人にのぼると分析している。当然ながら、アメリカでは狩猟がもたらす経済効果も桁違いに大きく、狩猟のための旅行や機材購入などによって二〇一六年に全狩猟者が支出した費用は、二六二億ドル（当時で約三・一兆円）にもなるというから驚きである（図1-4）。

図1-4　ウィスコンシン州にあるアウトドアショップの様子
ウィスコンシン大学滞在中に訪れた、あるアウトドアショップの狩猟コーナーには、たくさんの関連商品と猟銃などが展示・販売されていた。アメリカでの狩猟人気の高さを感じることができる。（2010年2月著者撮影）

アメリカで狩猟は非常に人気があることは、二〇一〇年に指導する大学院生の海外研修プログラムに同行し、ウィスコンシン大学スティーブンスポイント校自然資源学部を訪問した私にも実感した経験がある。この学部は、野生動物管理や狩猟に関する講義や実習が非常に充実しており、大学には学生の狩猟クラブもあった。クラブの説明会には、広い講義室が埋まるほどの多くの学生が集まって、先輩が語るクラブ活動の話に熱心に耳を傾けていた。参加者の中には女子学生もたくさんいて、狩猟に対するとらえ方が日本とは大きく異なっていることを感じたのだった。また、私たち日本からの短期留学生のホスト役を務めていただいたウィスコンシン大学教員ご夫妻のご自宅に招待いただいた際、ご夫妻が自ら狩猟したウサギやシカなどの肉を使った手料理をご馳走になった（図1-5）。どの料理もとてもおいしく、私も学生もすばらしい時間を過ごせたよい思い出である。アメリカでは、狩猟は老若男女を問わないポピュラーな趣味となっていることを感じるよい経験であった。

図 1-5　ウィスコンシンで振る舞われたジビエ料理
滞在中にホストを務めてくださったウィスコンシン大学のBobbi夫妻が自ら狩猟したシカ、ウサギ、カモなどのジビエ料理と地ビールを振る舞ってくれた。（2010年2月著者撮影）

さて、アメリカでは近年だけではなく、古くから毛皮やレクリエーションを目的としてアライグマが狩猟されてきた。一九〇〇年代には、アライグマが毛皮獣としてもっとも大きな収益を出していたという（Shieff and Baker 1987）。一九三〇年代から一九六〇年代には、アメリカでは年間四〇万頭から二

○○万頭のアライグマが狩猟されていた（Sanderson 1987）。一九七〇年代になると、毛皮価格が一枚およそ五ドルだったのが三〇ドルにまで上昇し、ピーク時（一九七九年から一九八〇年）には年間のアライグマ狩猟数は五一〇万頭にまで増加したという（Sanderson 1987）。その後、一九八〇年代後半から一九九〇年代にかけての毛皮価値の下落などによって、毛皮目的での狩猟数は減少したものの、アライグマは今でも狩猟対象としてポピュラーな動物には変わりない。

秋から冬の猟期におけるアライグマの狩猟方法は、わな猟とアライグマ狩猟犬を用いた銃猟の二つが一般的である。なお、アライグマ猟のために特別に訓練されたイヌを coon dog とよぶことがあるが、もちろんタヌキ（raccoon dog）のことではない。先述のとおり、自然天敵による捕食はアライグマの個体群にとって脅威にはなっていないが、この狩猟は北米の多くの地域においてアライグマの主要な死亡要因となっている（Zeveloff 2002; Gehrt 2003）。しかし、毛皮の価格も狩猟圧も高かった時代を含めても、アライグマの個体群に対して狩猟が長期的な影響をおよぼしたことを示す証拠は、ほとんどない（Gehrt 2003）。これは、現在も原産地でアライグマが広い分布域と安定的な個体数を維持していることを考えれば、納得がいくだろう。アメリカでは、狩猟鳥獣は自然資源であると認識されており、狩猟者は狩猟を楽しめる代わりに、狩猟した動物の種類、数、性別や狩猟をした場所などを報告することが義務づけられている。狩猟者から得られるこれらのデータをもとにして狩猟が適正に管理され、持続的に自然資源として野生動物を利用する仕組みが整っている。このような野生動物管理のシステムも、安定的な趣味としての狩猟人気を支えているのだろう。

4　感染症媒介動物としてのアライグマ

北米では、アライグマは狩猟だけではなく、農作物被害や家屋侵入などの生活被害の防除のほか、狂犬病の拡大防止などの目的で、捕獲や対策がなされている。農作物被害や生活被害の状況については、別の章で紹介する日本における状況と似ている点も多いため、ここでは狂犬病を中心に紹介しよう。

狂犬病という病気の名前は、だれもが知っていることだろう。わが国では、一九五七年を最後に狂犬病は発生していないため、現在ではその脅威を感じることはほとんどない。しかし、二〇〇六年にフィリピンから帰国した日本人が狂犬病を発症して死亡したという事例が報告され、狂犬病のこわさがあらためて知られることとなった。狂犬病はウイルス性の人獣共通感染症で、ヒトを含むすべての哺乳類が感受性動物になる。おそろしいことに、発症すると一〇〇パーセント死亡する。日本と同様に狂犬病の発生がない清浄国となっているのは、イギリスやオセアニア、スカンジナビア半島などの一部の国だけで、世界では一五〇以上の国や地域で流行している（二〇二三年現在）。世界保健機構（ＷＨＯ）が二〇一八年に発表したレポートによれば、全世界で年間に推定五万九〇〇〇人が死亡していると報告されている（World Health Organization 2018）。単純に計算すると、九分に一人が狂犬病で亡くなっていることになる。この狂犬病は、発展途上国ではおもにイヌの間（都市型）で、先進国では野生動物の間（森林型）で感染がまわっていて、これらの感染動物に咬まれるなどしてヒトにも感染する。ヒトへの感染事例のほとんどがアジアとアフリカ地域で発生していて、狂犬病による全死者数の九九パーセント以上がこれら二つの地域が占めている（World Health Organization 2018）。アジアとアフリカ地域での狂犬病によるヒトの死亡のおもな原因は、感染したイヌによる咬傷であり、イヌの適正な管理とワクチン接種の普及が狂犬病予防の課題である。

一方、アライグマの生息地であるアメリカやカナダでは、イヌからヒトへの狂犬病感染はほぼ制圧されているが、野生動物における狂犬病は現在でも発生している（World Health Organization 2018）。アメリカ疾病予防管理センター（CDC）の報告によると、アメリカで二〇一七年に狂犬病に感染した動物は四四五四例見つかっており、種類別ではコウモリ（三二・二パーセント）、アライグマ（二八・六パーセント）、スカンク、キツネ、ネコ、イヌ、ウシの順に多く、二人の死亡も報告されている（Ma *et al.* 2018）。驚くことに、アメリカでは一九九〇年から二〇年間以上、野生動物の狂犬病としてはアライグマがもっとも多く、ピーク時の一九九三年には約六〇〇〇例ものアライグマ狂犬病の発生事例があった（図1-6）。もともとアライグマ狂犬病は、一九六〇年代ごろまではフロリダ州やジョージア州の一部に限られていたとされている（McLean 1970; Bigler *et al.* 1973）。しかし、一九七七年に狩猟目的でフロリダ州から三五〇〇頭のアライグマがバージニア州へ導入され、その後バージニア州で初めてアライグマ狂犬病が発生して以降、メリーランド州、ペンシルベニア州、コロンビア特別区、オハイオ州、カナダのオンタリオ州など、東部の各地に拡大していった（Gehrt 2003）。これらの経緯から、フロリダ州から導入されたアライグマの中に、狂犬病に感染していた個体が含まれていたと考えられている。

このような状況を受け、アライグマ狂犬病のおもな発生地域であるアメリカ東部からカナダ南東部を中心に、狂犬病の発生を抑えてヒトへの感染リスクを小さくするための、さまざまな疫学的な対策が講

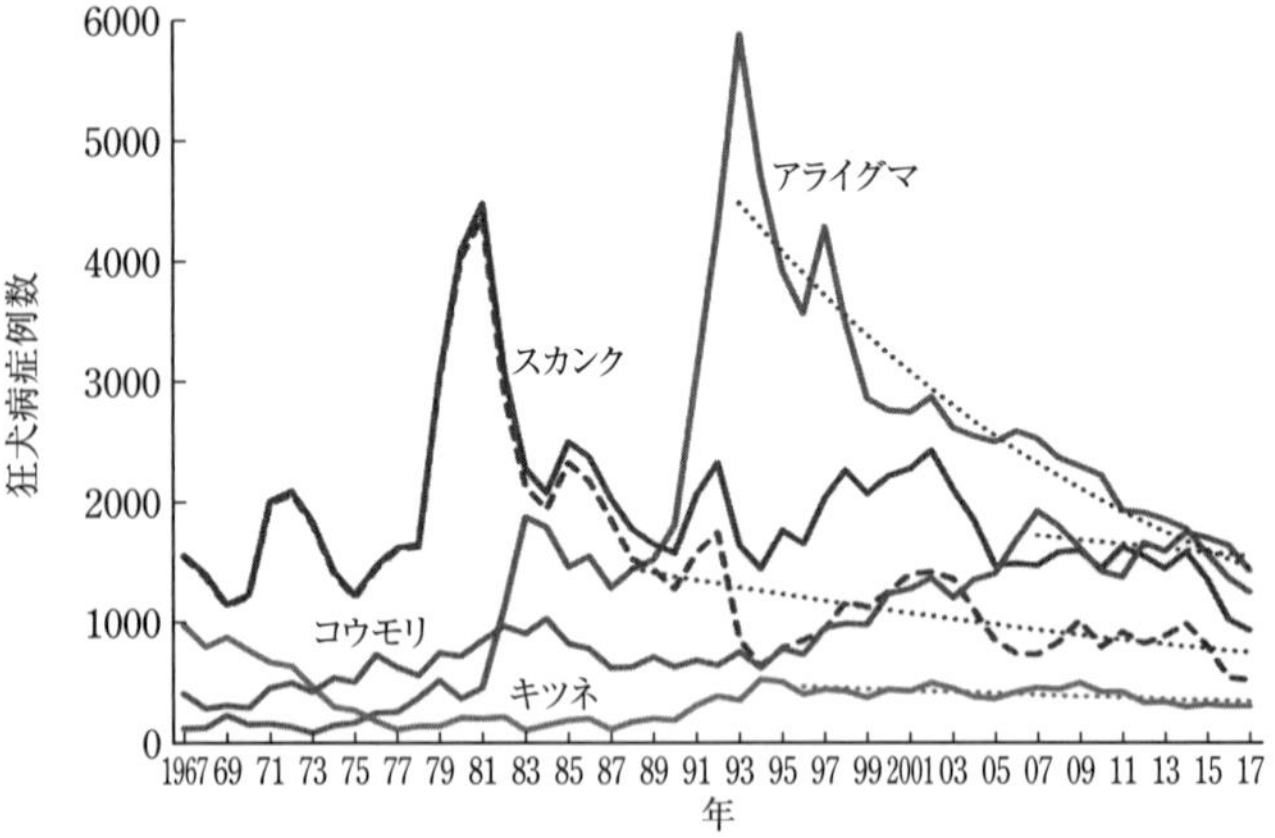

図 1-6　アメリカにおける野生動物の狂犬病症例（1967 年から 2017 年）ピーク時の 1993 年にはアライグマの狂犬病症例数がおよそ 6000 にもなった。（Ma *et al.* 2018 より改変）

じられている。狂犬病の発生状況やアライグマの分布状況などに応じて対策は異なるが、分布域内のアライグマの個体数を減少させる、狂犬病ワクチンが入った餌を野外に散布する、アライグマを捕獲して狂犬病ワクチン接種後に再び放逐する、などの対策が実施されている。

　狂犬病を予防するには、ワクチンによって免疫を賦与させる方法がもっとも有効である。そのため、ある地域の野生動物集団の狂犬病対策を考える場合、ワクチンによって免疫を賦与させた個体の割合を高めること、すなわち集団免疫が重要になる。しかし、野外で自由に行動する野生動物では、発症リスクを抑える集団免疫を満たすために必要な数の個体に、ワクチンを直接注射することは現実的にはきわめてむずかしい。そこで、動物を捕獲して注射をすることなく、狂犬病に対する免疫を賦与させるために開発されたのが、狂犬病経口ワクチンである。実際には、ワクチンそのものだけでは動物は食べてくれないので、ワクチンを特殊な容器に入れて動物が好む餌で覆い、野外に散布するという方法がとられている（図1-7）。野生動物に対する狂犬病経口ワクチンの散布は、アメリカでは、アライグマをおもな対象として一九九〇年から実施されている。アメリカ合衆国農務省動植物検疫所の報告によれば、アライグマ、ハイイロギツネ、コヨーテを対象に、二〇一九年には一八の州（約一六万平方キロメートル）で、合計約九二八万個のワクチンが散布されている（United States Department of Agriculture, Animal and Plant Health Inspection Service 2019）。

図 1-7　狂犬病経口ワクチンの１例
フィッシュミール（餌）で覆われた経口ワクチン。（USDA Animal and Plant Health Inspection Service 提供）

このように、狂犬病を媒介する動物としてアライグマが原産地で問題になっていることは、日本ではあまり知られていないだろう。日本におけるアライグマ定着の経緯は第2章で紹介するが、北米から日本にアライグマがペット目的で多く輸入されていた一九八〇年代後半は、アメリカでアライグマ狂犬病が拡大している最中であった。そう考えると、狂犬病に感染したアライグマが、偶発的に輸入されるリスクはゼロではなかったのである。日本にアライグマ狂犬病が侵入していたら……、と考えるとほんとうにおそろしい。なお、日本ではその後、国外からの狂犬病の侵入防止を強化するため、狂犬病の検疫対象動物としてそれまでのイヌに加えて「猫・アライグマ・きつね及びスカンク」が二〇〇〇年に追加された。これらの動物を海外から輸入する場合は、日本に到着する前の届出や狂犬病の予防接種、マイクロチップ装着などを行うよう輸入検疫規則が改正された。これらによって、日本へのアライグマ狂犬病の侵入リスクがさらに小さくなるとともに、アライグマ自体の輸入数も激減することになったのである。

第2章　海を渡ったアライグマ

1　世界各地に広がったアライグマ

前章で紹介したとおり、原産地の北米では、アライグマは中型の狩猟獣として非常にポピュラーな動物である。アメリカでレジャーや毛皮目的などのために狩猟されたアライグマの数は、一九三〇年代から一九六〇年代では年間四〇万頭から二〇〇万頭（Sanderson 1987）、一九七九年から一九八〇年のピーク時には五一〇万頭にものぼる。比較のため、日本で捕獲数がもっとも多い哺乳類のイノシシとニホンジカのデータを見ると、一九六〇年のイノシシ捕獲数は約三万三〇〇〇頭、ニホンジカは約八〇〇〇頭にすぎない。環境省と農林水産省による「抜本的な捕獲強化対策（二〇一三年）」が全国的に展開されている近年でも、イノシシとニホンジカの捕獲数は、両種とも年間五〇万頭から六〇万頭ほどである。国土の広さや狩猟人口の多さの違いはあるものの、当時のアメリカにおけるアライグマの狩猟数が、いかに多かったかがわかるだろう。

この狩猟数が物語っているように、毛皮産業や狩猟活動などによって生じるアライグマがもたらす経済的な価値は、北米においても、アライグマがもともと生息していなかった島嶼地域などへの人為的な導入（国内移入）を促す一つの要因となった、と考えられている（Gehrt 2003）。そして、当然のことながら、アライグマが生息していない北米以外の国の狩猟者や毛皮業者も、アライグマの毛皮や狩猟獣としての価値に目をつけないわけがない。彼らにとって、アライグマは金をもたらす動物として、魅力的に見えたとしてもまったく不思議ではないだろう。

アライグマは、現在ではヨーロッパ諸国、ロシアそして日本で野生化している。アライグマは水辺を好んで利用する動物であるが、もちろん、彼らが海を泳いで世界各地に分布を広げたのではない。この章では、どのようにして世界各地にアライグマが広がっていったのか、その経緯や現状の概要を紹介しよう。

2　海を渡った狩猟獣——ヨーロッパやロシアへ

まずは、ヨーロッパから見てみよう。ヨーロッパは、アライグマが国外由来の外来種となった歴史がもっとも古い。ヨーロッパ諸国におけるアライグマ野生化のおもな要因は、人為的な導入によるものと考えられている。歴史的にも古くから野生動物の狩猟が行われているドイツは、ヨーロッパで最初にアライグマの意図的な導入の記録が残っている国である。今からさかのぼること一〇〇年ほど前、一九二七年（Lutz 1996）と一九三五年（Lutz 1984）に数頭、一九三四年（Müller-Using 1959）に二つがいのアライグマが野外に放されたという記録がある。それからしばらく経った一九五一年には、最初の導入地から二〇キロメートル離れた地点でアライグマの繁殖も確認されている（Hohmann *et al.* 2001）。ほかには、第二次世界大戦中の一九四五年にも、ベルリン近郊のアライグマの毛皮農場から数十頭の飼育個体が逃げたという記録がある（Bartoszewicz 2011）。その後、ドイツでは一九五〇年代後半からアライグマの個体数が増加し、その数は二〇万頭から四〇万頭だと推定されている（Hohmann and Bartussek 2001）。隣国のフランスを見てみよう。フランスでは、一九三四年に北部における野生化アライグマに関する記録が残されており（Bartoszewicz 2011）、西部では一九六六年に米軍関係者によって意図的にアライグマが野外に放されたという記録がある（Leger 1999）。しかし、これらドイツやフランスでの記録は、たまたま残されて明らかになっているだけだろう。アライグマの毛皮や狩猟獣としての価値や人気が非常に高かった当時の状況を想像すれば、ほかにも記録としては残されていない意図的な導入や飼育個体の逃亡は、ヨーロッパ各地で生じたと考えるのが自然であろう。

次に、ロシアでの経緯を見てみよう。ロシアでも、やはりアライグマの意図的な導入が行われたことがわかっており、その記録はドイツと同様に古く、一九三六年にさかのぼる。当時のロシアは、ソビエト社会主義共和国連邦として、複数の共和国とともに連邦国家により構成されていた。ソビエト連邦では、一九三六年に二二頭のアライグマが、連邦の共和国であったウズベキスタンとキルギスに放獣されて定着し、数年後には放獣地点から四〇キロメートルから五〇キロメートル離れた地域にまで分布を広げたという（Aliev and Sanderson 1966）。その後、一九五八年までに一二四三頭が連邦各地で放獣さ

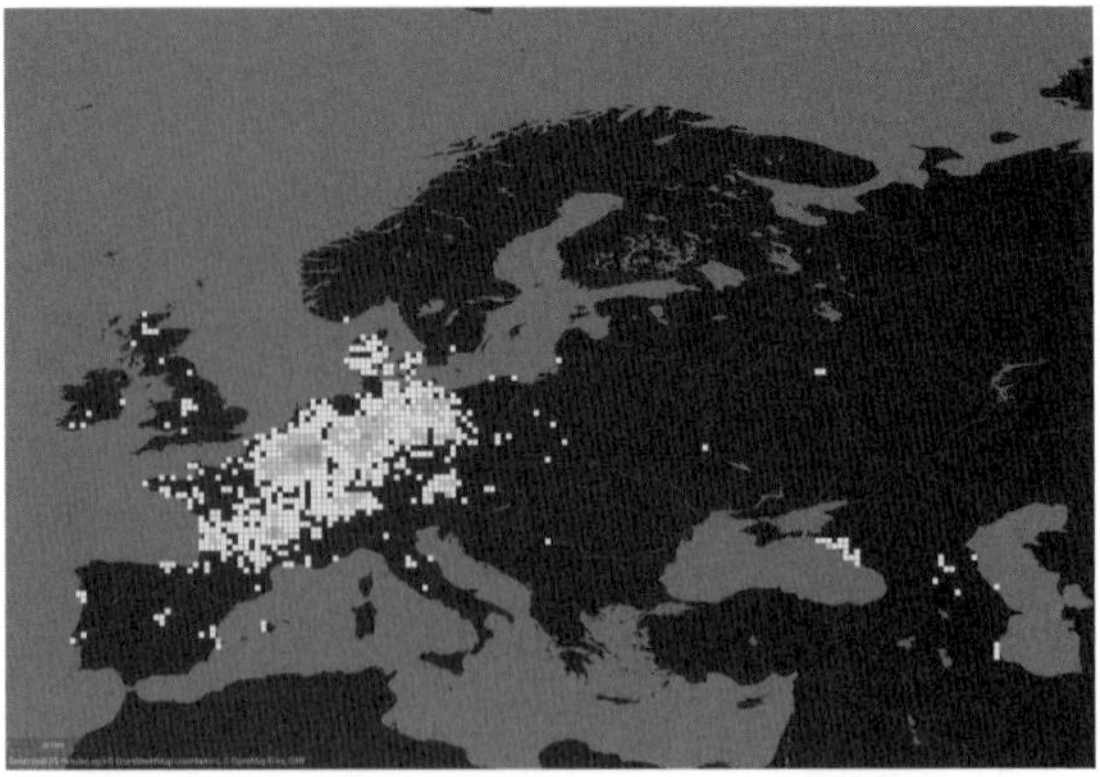

図 2-1　ヨーロッパにおけるアライグマの生息情報
Global Biodiversity Information Facility "*Procyon lotor* (Linnaeus, 1758)" にて 2024 年 2 月までにアライグマの生息に関連する情報が得られた地域（四角のドット）を正距円筒図法で表示したもの。ドットの色が濃い地域ほど情報が多いことを示す。(https://www.gbif.org/species/5218786；2024 年 2 月 21 日アクセス)

れたが、これらは毛皮の生産を目的とした国家的計画の一部であったとされている。導入は成功（いや、生物多様性保全の観点からは失敗というべきだが）に終わり、連邦西部の共和国を中心に分布を広げ、一九六四年にはアライグマの生息数は四万頭から四万五〇〇〇頭であったと推定されている（Aliev and Sanderson 1966）。

現在、ヨーロッパからロシアにかけての地域では二二カ国（オーストリア、アゼルバイジャン、ベルギー、チェコ、エストニア、フランス、ジョージア、ドイツ、ハンガリー、イタリア、リトアニア、ルクセンブルク、オランダ、ルーマニア、ロシア、セルビア、スロバキア、スロベニア、スペイン、スイス、ウクライナ、ウズベキスタン）でアライグマの野生化が記録されている（Reid *et al.* 2016）（図2-1）。ドイツやソビエト連邦でアライグマの導入が始まった時代は、第一次世界大戦（一九一四年から一九一八年）から第二次世界大戦（一九三九年から一九四五年）にかけての世界的な混乱期にあたる。イギリスの動物生態学者チャールズ・エルトンによって、外来種による在来生態系への影響が紹介された名著"The Ecology of Invasions by Animals and Plants"（一九五八年）（邦題『侵略の生態学』）が出版される前のできごとである。当時は、地域の生物相を豊かにする、狩猟獣種を増やす、毛皮の生産を高めることなどを期待してアライグマが導入され、彼らが野生化することによってもたらされる在来生態系への悪影響は、ほとんど考慮されていなかったことであろう。アライグマの野生化によって生じる生態学的なデメリットは、毛皮や狩猟などによってもたらされる経済的なメリットと比べものにならないほど大きい。幸いにして、その後、ヨーロッパやロシアなどでの国家的なレベルでの意図的なアライグマの導入計画は、一九六〇年代以降はどの国でも実施されていない。

3　海を渡ったペット——日本へ

日本におけるアライグマ野生化の経緯は、毛皮産業や狩猟目的で意図的なアライグマの導入が行われたヨーロッパやロシアとはまったく異なっている。日本で最初にアライグマの野生化が報告されたのは一九六二年、愛知県でのことである（アライグマ動態調査団 一九八九）。野生化の歴史からすると、ヨーロッパやロシアよりも数十年も後のできごとである。

愛知県で、アライグマの野生化と分布拡大が進んでいたであろうタイミングと時を同じくして、日本ではアライグマが登場する有名なテレビアニメが放送された。フジテレビ系列アニメ「あらいぐまラスカル」（一九七七年一月から一二月放送、全五二話）である。当時小学生であった私も、リアルタイム

図 2-2 『はるかなるわがラスカル』（小学館ライブラリー 711）
アメリカの作家スターリング・ノースによる著書“Rascal”（1963 年）は 1976 年に角川文庫から邦題『はるかなるわがラスカル』（訳・亀山龍樹）として初刊が発行された。写真は、1994 年に小学館から発行されたもの。

でこのアニメを観ており、毎週日曜日の放送を心待ちにしていたのを覚えている。愛らしいラスカルの仕草や美しい風景描写は脳裏に焼きついているし、アニメのオープニング・ソングは今でも口ずさむことができる。このテレビアニメの放送は、日本でのアライグマ野生化に少なからず影響をおよぼしているので、「あらいぐまラスカル」について少し振り返っておこう。

　このテレビアニメの原作は、アメリカの作家スターリング・ノースによる著書“Rascal”（一九六三年）（邦題『はるかなるわがラスカル』〔訳・亀山龍樹、一九七六年、角川文庫〕）である（図2-2）。原作者名を見てわかるとおり、アニメでも登場する主人公スターリングの少年時代の回想小説である。小説の舞台となったのは、アメリカ五大湖の一つであるミシガン湖の西に位置するウィスコンシン州エジャトン（Edgerton）という小さな町である。当時のウィスコンシンは、アメリカでもっとも酪農生産がさかんな州で、エジャトンの周辺も農場や畑、そして川や湖を有するのどかな田園が広がり、アライグマの好適な生息地があったことだろう。私が学生とともに訪れたことがあるウィスコンシン大学スティーブンスポイント校（第1章3節参照）からも、距離にして二〇〇キロメートルほどしか離れていない。

小説『はるかなるわがラスカル』によれば、一一歳だったスターリングは、一九一八年の五月にセントバーナードの愛犬ハウザーと友人のオスカーとともに川に釣りに出かけた。釣り場に向かう途中のウエントワースの森の中で、愛犬ハウザーが木の根のうろ（洞）にいた母親と子ども四匹のアライグマの親子を見つけた。スターリングと友人オスカーは、アライグマを親子ごと捕まえようと試みたものの、母親と三匹の子どもは逃げてしまい、残された子ども一匹をかろうじて捕まえたのだった。スターリングは、スカンクやウッドチャック、そしてカラスもペットにしていたほど動物が好きだったこともあり、このアライグマの子どもを自宅に連れ帰って飼おうと考えた。このとき、友人オスカーは、「おいらのおやじは飼わせてくれそうにないや。つい、二、三週間前、鶏小屋でアライグマを射ち殺したばっかりだあ」と寂しそうにいっている。小説からは、当時アライグマが有害獣という側面も持ち合わせていたことがうかがえる場面だ。

さて、スターリングは、体重が五〇〇グラムほどの乳飲み子のオスのアライグマをラスカル（＝やんちゃぼうず）と名づけ、熱心に育てはじめる。スターリングは四人兄姉の末っ子だった。母親は彼が七歳のときに亡くなっており、父親は仕事がら旅行で家を不在にすることが多く、兄は戦地のフランスに赴いていた。そのため、次女がスターリングのめんどうを見ていたようだ。乳飲み子だったラスカルは、すっかりスターリングに懐いて、名前のとおりいたずらでやんちゃながらも、すくすくと成長していった。体重が一・五キログラムほどまで成長した八月のある日、スターリングはラスカルにトウモロコシを与えてしまう。トウモロコシの味を覚えたラスカルは、こっそりと夜中に家を抜け出して近所のトウモロコシ畑を荒らし、スターリングは農家からこっぴどく怒られてしまう。スターリングは、それまでは自由にさせていたラスカルに、仕方なく首輪と革紐をつけることにし、自宅の庭に檻小屋をつくって、夜はその中に入れておかなければならなくなってしまう。しかし、翌年の三月になると、成獣になりつつあるラスカルのものわかりもしだいによくなくなり、発情したメスの野生アライグマが、ラスカルの小屋に近づいて求愛したりするようになる。ある日、ラスカルは鍵を掛けていなかった小屋から抜け出し、今度は近所の鶏舎を襲う事件を起こしてしまう。その事件と同じころにスターリング家では、家事などをしてくれていた次女の結婚を機会に、家政婦を雇うことになる。しかし、この家政婦は動物が嫌いで、家政婦として住み込みで働くうえでの条件として、スターリングが飼っている動物を家の中に入れるのを禁じることを求めた。そこでスターリングは、家政婦が家に住み込みで働きにくる前にラスカルを森に返す決心をするのだった。小説では、そのときの気持ちがこう記されている。「愛玩動物として人間に飼われていても、まったく幸福というわけではないはずだ。森の中の自然の生活をラスカルからうばっていることは、ぼくの身勝手であり、思いやりがないのではないだろうかと、そんな考えがぼくにきざしてきていた」。

ある暖かな日曜日、スターリングは、ラスカルを遊びに連れていくと父に嘘をつき、自作したカヌーを持って湖に向かう。満月の夜、湖畔に広がる湿原で、体重が六・五キログラムに成長したラスカルの首輪と革紐を外し、ラスカルの行動にまかせることにする。すると、カヌーに乗ったスターリングとラスカルの耳に、発情したメスのアライグマの鳴き声が湖岸から聞こえてくる。スターリングがラスカルに、「好きなようにしたらいいんだよ、ラスカル。おまえ自身の一生じゃないか」という。するとラスカルは、スターリングをちょっと振り返り、ためらうようなそぶりを見せた後、カヌーから水中に飛び込んで岸に向けて泳ぎ出し、メスとともに草むらに消えていくのであった。原作の小説でも、ラスカルとスターリングの別れの場面は、月夜の湖面の挿絵とちょっぴり切ない台詞によって、悲しくも美しく描かれている。

ところで、今まで紹介した原作小説のあらすじと、テレビで観たアニメとの間に、違いを感じた方がおられるのではないだろうか。テレビアニメ「あらいぐまラスカル」は、ストーリーの多くは原作を忠実に再現しているが、子ども向けだったこともあってか、小説には書かれていない架空の人物が登場したり、設定を少し変えたようだ。たとえば、小説ではスターリングと友人オスカーは、見つけた親子のアライグマのうち、子ども一匹を除いて捕らえ損ねてしまう。一方、アニメでは親子（母親と子ども一匹）とも生け捕りにしようと試みるが、木の穴から飛び出て幹を登り、枝の上からスターリングらを威嚇している母アライグマを、ちょうど猟にきていたハンターが鉄砲で射ち殺してしまう。そして、一匹だけ残された子どものアライグマをスターリングがハンターからもらって飼う、という設定になっている。そのとき、ハンターは、死んで枝から落ちた母親の側に寄ってきた子どものアライグマをつかんで、「こいつはまだ小さすぎて帽子をつくることはできないから、お前らにくれてやるぜ」というのだが、アライグマが毛皮目的で狩猟されていた当時の状況がアニメでは取り入れられているのは興味深い。また、アニメでは、スターリングがラスカルを森に返すきっかけになったのは、彼がウィスコンシン州都のミルウォーキーに引っ越さなくてはならなくなり、飼えなくなるので仕方なく手放すことになった、という設定になっている。原作小説では、ラスカルによる近所への被害が大きな問題になってしまったことや、動物嫌いの家政婦を雇うために飼育ができなくなったこと、そして成長につれて野生動物本来の行動を見せはじめるラスカルを飼うことへの「罪悪感」のような気持ちが湧いてきたことなどが、手放す動機につながったとスターリング・ノースは記している。

テレビアニメ「あらいぐまラスカル」の放送は、小説との違いはあるものの、日本にアライグマブームを巻き起こす一つのきっかけになったことはまちがいないだろう。ラスカルはすっかりお茶の間の人気者となり、キャラクター商品が売り出され、生きたアライグマが出演するハンドソープのテレビ・コマーシャルなども放送された。アライグマが、キャラクターや動物園でだけ人気者になったのであったなら、私が日本でアライグマの研究をすることも、みなさんに読んでいただいているこの本を執筆することもなかっただろう。しかし、実際には、人懐こくてかわいらしい動物（というイメージ）のアライグマを飼ってみたいと考えたり、ペットとして販売しようと考えたりする人々が出てしまったのだ。そうして、北米から多くのアライグマがペットとして日本へ輸入され、さまざまな影響をもたらすことになっていく。このことは、原作者のスターリング・ノースもアニメ制作に携わった人々にとっても、本意とするものではなかったに違いない。

4　日本でのアライグマ定着の経緯

愛知県と岐阜県の県境域で確認された国内初のアライグマ野生化の経緯については、苫小牧市博物館（当時）の揚妻-柳原芳美氏が、関係者への聞き取りや当時のアライグマに関する地元の新聞報道などにもとづいた詳細な調査報告を行っている（揚妻-柳原 二〇〇四）。報告によれば、一九六一年に愛知県犬山市にある動物園が、イベントのために北海道の業者から成獣のアライグマを一四頭購入した。しかし、翌年の一九六二年に、飼育施設から一二頭が相次いで脱走したという（その後、数頭は園内で捕獲されたようだ）。一九六三年には、動物園から二・五キロメートルほど離れた犬山市内で、アライグマと思われる動物の目撃情報が寄せられている。その後、同地域でのアライグマ情報はいったん途絶えるが、脱走から一五年が経過した一九七七年に、犬山市に隣接する岐阜県可児市の住民がアライグマの成獣メスを捕獲し、日本での野生化が確実なものとなった。動物園から脱走したアライグマが、野外で一五年も生存しているとは考えられないためである。一九七七年は、アニメ「あらいぐまラスカル」がテレビ放映された、まさにその年である。この住民は、捕獲したメスを自宅で飼育し、ほかの捕獲個体も飼育集団に加えるなどして繁殖を試みた結果、五年間で五〇頭ほどに増えたという。しかし、病死する個体が増えたため、一九八二年に飼育個体のうちの約四〇頭を、可児市の捕獲場所で放逐したことがわかっている。その後、近隣ではアライグマの目撃情報が急増し、一九八七年には動物園から二〇キロメートルほど離れた地点でもアライグマの目撃情報が寄せられている。岐阜県博物館調査報告に発表された安藤志郎氏と梶浦敬一氏による研究によれば、可児市の周辺では、一九七七年から一九八四年で累計六五頭のアライグマの目撃や捕獲の情報があったとされる（安藤・梶浦 一九八五）。また、揚妻-柳原芳美氏は報告の中で、犬山市と可児市における二度のアライグマの脱走（一九六二年）と放逐（一九八二年）が、当該地域におけるアライグマ定着の要因であり、付近でのゴルフ場や宅地開発などが影響して分布をさらに拡大させた可能性を指摘している。

愛知県の動物園が、北海道の業者からアライグマを購入したのは一九六一年であったが、これはテレビアニメ「あらいぐまラスカル」放送開始の一六年も前のことである。つまり、日本にはこのときすでにアライグマを扱う業者がいたということになる。ペットとしてのアライグマの輸入は、一九九八年の狂犬病予防法施行令の改正（第1章4節参照）や、二〇〇五年施行の外来生物法（第5章4節参照）などの法的規制によって、現在ではほとんどされてない。しかし、日本にはそれまでに何頭くらいのアライグマがどこから輸入されたのであろうか。残念ながら、アライグマに関する過去の正確な輸入頭数や輸出地は公表されておらず、くわしいことはわかっていないが、テレビアニメ放送の一九七七年以降の約二〇年で、少なくとも数万頭のアライグマが輸入されただろうと推定されている（揚妻-柳原 二〇〇四）。そのほとんどは、個人を対象とした飼育目的であったと想像される。当時、ペット用のアライグマは、生後一カ月ほどの幼獣が五万円から六万円で取引され、札幌のペットショップでは年間二〇頭ほどが売れる人気商品になっていたという（阿部 二〇一一）。アライグマの生後一カ月の幼獣は、体重が五〇〇グラムほどでまだ乳離れしていない（Asano *et al.* 2003b）。スターリングがウェントワースの森で出会った当時のラスカルの体重もおよそ五〇〇グラムで、この時期のアライグマはまさにかわいいさかりである。アライグマに魅せられた人たちにとっては、もっとも「飼いたい」と思う大きさであり、販売する人たちにとっては、もっとも「売れる」大きさだっただろう。

一方、北海道で長年アライグマの研究をしている北海道大学の池田透名誉教授は、一九九二年と一九九五年に全道的なアライグマ目撃情報の聞き取り調査を行っている。その結果、新千歳空港にほど近い恵庭市で、愛好家が飼育していたアライグマ一〇頭が一九七九年に集団で逃げ出したことがわかっている（池田 一九九九）。また、北海道以外では、鎌倉市でも一九八八年には飼育個体の逃亡が記録されている（池田 二〇〇六）。二〇〇六年までには、一時的な情報も含めると、全国四七都道府県のすべてからアライグマの生息情報が得られているが（池田 二〇〇八）、先に紹介した愛知県犬山市、北海道恵庭市、そして神奈川県鎌倉市で記録されているアライグマの逃亡や放逐だけが、全国分布の発生源となったのではない。これら以外に、ペットとして飼育されていたアライグマの逃亡や遺棄が各地で多発し、それらが定着したことが全国的な分布拡大の要因と考えられている。

テレビアニメの放送以降、アライグマの人気が高まり、輸入アライグマは、都市部を中心に全国各地で販売されて飼育されていた。しかし、アライグマはもともと野生動物であり、愛玩動物として飼育しやすいように品種改良されてきたイヌやネコとはまったく異なる動物である。アライグマは、生後わずか一年でほぼ成獣の大きさに成長してしまう（Asano *et al.* 2003b）。子どものうちはヒトに懐くこともあるだろうが、成長するにつれて小さいころのラスカルのイメージからは想像もつかないほどの野生動物本来の凶暴さや力強さが現れる。ほとんどの個体は、イヌのようにリードをつけて行儀よく散歩させることも、ネコのように室内で自由にさせることもままならなくなり、最終的には檻に入れて飼育せざるをえなくなったはずだ。ラスカルのイメージとはかけ離れた中型犬並みの大きさに育ったアライグマを飼いきれずに山野に放したり、器用な手先と強靱な力で檻から逃亡する事例が多発したことは想像に難くない。実際、私が北海道で学生だった一九九五年ごろに、大学に成獣のアライグマが搬入されてきたことがあった。私の同級生が、この個体を譲り受けて下宿先で飼育することになったのだが、閉めてあったはずの浴室の窓から逃げ出してしまったのだ。当時は、私が将来アライグマの研究をすることになるとは思ってもみなかったが、日本におけるアライグマ野生化の経緯を紹介するたびに、この脱走事件を思い出してしまう。小説の舞台となった原産地では、飼いきれなくなったアライグマを森に返しても外来種にはならないだろうが、日本でとなれば話は別である。手に負えなくなったアライグマを、アニメのラストシーンを模して野外に遺棄したために引き起こされるさまざまな問題については、次の第3章で紹介しよう。

第3章　問題を起こしはじめた人気者

1　なぜアライグマ研究に取り組んだのか

前章でも紹介したとおり、一九七七年のテレビアニメ「あらいぐまラスカル」の放映を一つのきっかけとして、一躍お茶の間の人気者になったアライグマは、アメリカなどから数万頭が日本に輸入されたと考えられている（揚妻-柳原 二〇〇四）。その多くはペットとして販売されて一般の家庭で飼育されたと思われるが、遺棄や逃亡によって全国各地でじわじわと野生化しはじめていった。

私は、北海道でのアライグマの最初の野生化事例が記録されてから約二〇年後の一九九八年の夏に、母校である北海道大学の大学院獣医学研究科研究生となり、翌年に同博士課程に入学して生態学研究室（当時）に籍を置いた。学部生のときも獣医学部で学び、学部生の後半に配属される研究室は獣医外科学教室（当時）を選んだ。私が入学した当時の北大では、医学部や歯学部などの一部を除いて、学部別ではなく文Ⅰ、Ⅱ、Ⅲ系、理Ⅰ、Ⅱ、Ⅲ系などの区分で受験をする入学試験制度であった（現在、北海道大学は学部別入試と総合入試の制度を行っている）。私は小さいころから、自然に囲まれて動物の研究をすることへの憧れと、北大の広大なキャンパスに魅力を感じ、生物に重点が置かれた理Ⅲ系に入学したのだった。学部二年生の前学期までは、いわゆる一般教養課程の講義を受ける。一般教養課程が終わると、その後の専門を学ぶために在籍する学部や学科への移行希望先を決めて、申請することになっていた。そこで私は、移行可能な複数の学部の中から、生きた動物に触れる機会が多そうな獣医学部を第一希望に選び、晴れて移行することになったのだ。獣医学部は一学年が約四〇人と少人数だったので、卒業まで同じクラスで講義や実習を受けることができた。同期だけに限らず、先輩や後輩と交流する機会も多く、学業以外の思い出もたくさんできた。北大で学部生時代を過ごせたのは、今でも私の財産になっている。

さて、現在全国に一七ある獣医系大学では、共通の到達目標にもとづいた獣医学教育が行われている。それら到達目標をもとに作成されたモデル・コア・カリキュラムによって学生が学んでいて、カリキュラムでは野生動物学が必須の講義科目として含まれている。しかし、私が学生だった当時は、獣医学部では家畜、実験動物、愛玩動物を対象とした講義や実習が中心で、野生動物に関する専門の講義も実習もない時代であった。一九九五年三月に無事に学部を卒業して獣医師となった私は、千葉県にある小動物病院の勤務医として働くことにした。働きはじめて二年が過ぎようとしていたころ、北大の同期の集まりが東京で開かれることになり、私も参加することにした。その集まりで、私が卒業した年の四月に母校に新設された生態学研究室でタイマイ（*Eretmochelys imbricata*）の研究をしていた友人から、大学院での研究の話を聞いたのだった。その友人から国内外での調査の詳細を聞いてからというもの、小さいころからの夢でもあり、学部生のときには学ぶことができなかった野生動物の研究がしたいという思いが再び湧いてきて、悩んだ末に三年ほど勤めた動物病院を辞め、大学院に入りなおすことを決めたのだった。今考えるとかなり無鉄砲だった気もするが、後悔先に立たずという思いだったのだ。

このような経緯で四年間の大学院博士課程に入学はしたものの、しばらくは研究テーマを決められないままであった。なにせ、学部生のときには、野生動物学や生態学の勉強をほとんどしてこなかったので、研究のアイデアが思うように浮かんでこなかった。対象動物や研究テーマをあれこれと悩んでいたある日、当時の研究室の教授で主指導教員の大泰司紀之先生から、「北海道ではアライグマが問題になっているから研究テーマにしてみてはどうか」とアドバイスをいただいたのだった。そのころの研究室には、先ほど紹介したタイマイのほかに、エゾシカ（*Cervus nippon yesoensis*）、トド（*Eumetopias jubatus*）、ラッコ（*Enhydra lutris*）、エゾクロテン（*Martes zibellina brachyura*）、マレーグマ（*Helarctos malayanus*）など、さまざまな動物を研究対象にする大学院生が在籍していたが、外来種そのものを研究している学生は一人もいなかった。大泰司先生は、「ちょうど北海道庁でもアライグマの生態学的なデータをほしがっているから、まずは野生動物管理の入門的な研究テーマとしてアライグマの分析をはじめてみるのもいいんじゃないかな。四年間の博士課程の研究として論文化することがむずかしいようだったら、途中でテーマを変えてもいいから」とも進言してくださった。「じゃあまぁ、そういうことで、あとはよろしく」と、いつもの大泰司先生おきまりの台詞を残して学生部屋から去っていった姿は、今も私の脳裏に焼きついている。もし、大泰司先生のこのアドバイスがなかったら、私はアライグマを研究テーマに選んではいなかったかもしれない。そんな経緯でアライグマの研究に着手したのである。対象とする調査地の設定、研究材料採取のための体制整備、そしてそれらの分析と成果のまとめまで、限られた四年間でのアライグマ研究は容易ではなかったが、さりげないアドバイスをしてくださった大泰司先生には今でも心から感謝をしている。

さて、研究テーマとしての北海道のアライグマについてあれこれ調べはじめてみると、私が大学院に入学する少し前あたりから、アライグマによるさまざまな被害が深刻化していて、分布も拡大している状況だということがわかった。そこで次からは、私がアライグマの研究に取り組みはじめたころの北海道におけるアライグマ問題と対策開始の経緯について、振り返ってみたいと思う。

2　北の大地での被害——はじまりはトウモロコシ畑のミステリー

夏に北海道を訪れたことがあれば、旅行中に一度や二度は「茹でトウモロコシ」や「焼きトウモロコシ」を味わったのではないだろうか。ふだん私たちがスーパーなどで買うことができる、いわゆるスイートコーンの作付面積は、二〇二二年度では北海道が七〇四〇ヘクタールと断トツに多く、日本の全収穫量の約四四パーセントも占めている（農林水産省 二〇二三）。季節になると、路地でも生のトウモロコシがあちこちで売られていて、北海道を代表する大人気の夏野菜の一つである。

このスイートコーン畑で、一九九〇年代から奇妙な被害が発生するようになっていた。被害発生の中心地は北海道恵庭市、一九七九年に北海道で初めてアライグマの集団逃亡の記録があったところだ。スイートコーンは、夏が近づくとデンプンや糖分を多く含むようになり、八月ごろには収穫期を迎える。ところが、収穫する直前のスイートコーンが一晩のうちに何本もなぎ倒され、器用に皮をむかれて実だけきれいに食べられたトウモロコシの芯が畑に散乱するというミステリアスな被害が、あちこちで発生したのだった。私も、被害に遭ったトウモロコシ農家の方に、自身の調査の一環で話をうかがったことがある。「これまでもキツネやタヌキなどの野生動物に畑を荒らされたことはあった。でも、明らかにこれまでの被害とは違っていて、こんな変な食べ方は見たことがない。最初はなんの動物の仕業なのかわからなかった。ちょうど今日あたり収穫しようと思っていたのに、一晩でこんなにやられてしまうなんて……」と肩を落として語ってくれた若い農家の方の姿は、今でも忘れられない。たくさんあるトウモロコシのうち、数本だけがきれいに食べられてしまうだけだったら、農家の方もあきらめがつくかもしれない。しかし、苦労して育てたトウモロコシが、収穫直前に一晩で数十本もなぎ倒され、無残に食べ散らかされている状況を目にしたら、どんな気持ちになるのかは想像に難くない（図3-1）。

農作物畑での奇妙な現象はスイートコーン以外でも発生した。やはり、夏にかけて収穫の最盛期を迎えるスイカにも、不可解な被害が見られるようになった。読者の中にも、収穫間近のスイカ畑に、鮮やかな緑と黒のストライプ模様でサッカーボール大に成長したスイカが地面に並んでいる風景を見たことがある人がいるだろう。不可解な被害に遭った畑では、順調に熟してずっしりと重たいスイカのはずが、いざ収穫しようと持ち上げると拍子抜けするほど軽い。なんと、中身がすっからかんなのだ。外側の皮は丸い状態のまきれいに残っている空洞のスイカは、一見すると被害に遭っていないほかのスイカと見分けがつかない。直径五センチメートルほどの穴が一つだけぽっかりと空いていること以外には……。

このように、収穫直前で糖度を増したスイカにまんまるの穴が空けられていて、そこからスプーンを使ってきれいに赤い実の部分だけをすくって食べたような痕跡の被害が、あちこちで発生したのだった。遠目には順調に生育しているように見えるので、まさか被害に遭っているとは農家の方でさえも気づか

図 3–1　スイートコーン畑でのアライグマの被害
収穫直前のスイートコーンが一晩のうちに何本もなぎ倒されてしまった。スイートコーンはきれいに皮をむかれて食べられて芯が散乱していた（上）。アライグマの食痕と翌日わなで捕獲されたアライグマ（下）。（恵庭市にて 1999 年著者撮影）

ないのだ（図3-2）。

　スイートコーンとスイカのどちらの被害も、まるで人間がやったのではと思えるほど、きれいな痕跡だった。このような器用な食べ方をするのは、手をじょうずに使える動物に違いない。しかし、手先が器用なニホンザル（*Macaca fuscata*）は、北海道では野生には生息していない。農作物畑で見つかった謎だらけのミステリアスな被害は、その後しばらくしてアライグマによるものだということが判明するのだった。

図 3-2　アライグマによるスイカの食痕
収穫直前のスイカに器用に穴を空けて中身だけ食べられたスイカ。一見すると食べられたことがわからない。（美唄市農政課提供）

　じつは、恵庭市では、集団逃亡があった翌年の一九八〇年ごろからアライグマによると思われる被害が報告されはじめたようだが、その後十数年間は、ほとんど問題になることがない程度であったという。しかし、一九九三年に初めてアライグマによると判別された農業被害（被害額四・五万円）が確認され、その三年後には農畜産物被害額は一〇〇倍以上の四七〇〇万円に急増した（恵庭市役所総務部広報公聴課 一九九七）。被害はスイートコーンやスイカだけではなく、カボチャ、メロン、米などの農作物のほかに、牛舎の飼料、牧草ロール、養殖魚などにもおよんだ（図3-3）。これら被害額急増の要因には、商品価値が高い農畜産物へ被害がおよんだことだけでなく、アライグマの個体数そのものの増加や、加害獣がアライグマだと広く認識されるようになったことが関係していると思わ

図3-3　アライグマの営巣跡
家畜用の干草置き場は冬も暖かく、アライグマにとっては営巣場所になりやすい（矢印）。糞尿で汚染された干草は廃棄せざるをえない。（恵庭市にて1999年著者撮影）

れる。恵庭市で発生しはじめたアライグマによる被害は、隣接する長沼町や千歳市、北広島市などにも広がり、被害額も増え続けることになっていったのである。

アライグマによるこのような被害の拡大を受け、恵庭市では一九九六年に全農業者に対し、被害状況の確認と行政による捕獲（駆除）を希望するかの意思確認のためのアンケート調査を行った。この調査結果をふまえ、恵庭市は翌年の一九九七年に、隣の長沼町とともに、北海道で初めてアライグマの有害獣駆除を目的とした捕獲許可を北海道に申請したのだった。当初、六月から六〇日の期間で捕獲数五〇頭という捕獲申請であったが、捕獲数は開始するなり早々にその申請上限に達してしまったという。そこで、追加でさらに一〇〇頭の捕獲許可を申請し、一九九七年は恵庭市と長沼町で合計一五〇頭のアライグマが駆除された。翌一九九八年には一一市町で合計三二三頭が有害獣として捕獲され、その後も捕獲実施市町村数や捕獲数は年々増加していった。

第4章でくわしく紹介するが、私はアライグマの捕獲個体を用いた研究をしていたため、有害捕獲事業の関係者と話をする機会が頻繁にあった。当時、恵庭市でアライグマの有害捕獲事業に従事していた方に、捕獲の状況をうかがったことがある。「わなを掛ければ掛けるだけアライグマが捕れる。こんなにまわりにアライグマがいたなんて、自分も農家もびっくりしている」と話していた。当時は、金属メッシュでつくられた「はこわな」を用いた捕獲が主流であったが、市の担当者によれば、市が貸し出すわなの利用希望が多すぎて、まったく足りない状況だったという（図3-4）。

当初は、農作物などの一次産業への被害が着目されたアライグマだが、北海道での被害はそれだけにとどまらなかった。雑食性のアライグマが、在来種を捕食していることを示唆する報告がされるように

図 3-4　恵庭市にてわなで捕獲されたアライグマ（著者撮影）

なったのだ。その最初の報告の一つが、一九九七年に報じられた、北海道立自然公園に指定されている野幌森林公園でのアオサギ（*Ardea cinerea*）のコロニー（営巣地）の放棄だ。野幌森林公園は敷地面積二〇五三ヘクタールで、札幌市・江別市・北広島市の三つの市にまたがる野幌丘陵にある。公園のウェブサイトによれば、樹木約一一〇種、アオサギやエゾフクロウ（*Strix uralensis japonica*）などの野鳥一四〇種以上、昆虫一三〇〇種以上のほか、エゾリス（*Sciurus vulgaris orientis*）やユキウサギ（*Lepus timidus*）などの哺乳類も生息している自然豊かな公園である。大都市近郊にあるにもかかわらず広大な森林がよく残され、散策路も整備されていることもあって、市民の憩いの公園となっている。この森林公園では、一九一四年ごろからアオサギが営巣をしはじめ、当時道内最大級のコロニー（通称「サギの森」）があった。ところが、一九九七年に突然そのコロニーからアオサギがすべていなくなってしまったのだ。地元紙である北海道新聞一九九七年五月一九日の記事（「サギの森」からアオサギ消えた　野幌森林公園）によれば、一九九七年も例年どおり三月からアオサギが営巣しはじめていたが、四月下旬以降アオサギが忽然と姿を消してしまい、戻ってこなくなったのだという。アオサギが完全に姿を消す前に、コロニー周辺にアライグマの足跡が多数見つかっていたこと、樹上の巣にあるはずの卵の殻が地上に多く落ちていたこと、営巣木にアライグマの爪痕があったことなどから、木登りが得意なアライグマによる捕食が営巣放棄の原因の一つである可能性を、地元の専門家が指摘している。野幌森林公園でのアライグマによるアオサギの卵やヒナの捕食は、この新聞報道時点では直接は目撃されてはおらず、ヒトによる撹乱や周辺環境の変化が要因となった可能性もある、とも書かれている。しかし、アオサギに関心のある市民らの個人ブログではあるものの、アライグマが道内のほかのアオサギの巣を襲撃している写真や記事が報告されていることから、アライグマによる捕食被害があったのはまちがいないだろうと私は考えている（図3-5）。

もともとアライグマはおもに夜間に行動するため、在来種を捕食している姿を直接確認することは容易ではない。そこで、アライグマの消化管内容物や糞に残っている動植物の残渣を顕微鏡で調べてその種を同定することで、アライグマが野外でなにを食べているのかを明らかにする、食性分析という調査が行われた。この食性分析によって、北海道ではアライグマが、ニホンザリガニ（*Cambaroides japonicus*）やエゾサンショウウオ（*Hynobius retardatus*）などの固有種を捕食していたことが明らかにされたのであった（堀・的場 二〇〇一）。ニホンザリガニは、北海道、青森県、岩手県、秋田県にのみ生息しており、環境省レッドリスト二〇二〇で絶滅危惧Ⅱ類に掲載され、二〇二三年一一月には種の保存法において特定第二種国内希少野生動植物種に指定された希少種である。エゾサンショウウオも、北海道にのみ生息する種で、生息数が減少している。

これまで紹介したような直接的な被害のほかにも、収穫された農作物が病気を持っているアライグマの糞尿で汚染されているのではないか、という根拠のない風評被害があったことも、調査の際に地元の

図 3–5　北海道岩見沢市のアオサギ営巣地で観察されたアライグマ
北海道岩見沢市のアオサギの営巣地（コロニー）で 2012 年 5 月に撮影されたアライグマ（白丸内）。上の写真では、頭を下に向けて枝を下りている。下の写真では、頭が左で、アオサギの巣の中に侵入している。同時に撮影された動画では、アライグマが巣内のヒナを捕食していると思われる様子も確認された。（北海道アオサギ研究会提供）

農家の方が話してくれたこともある。北海道では、被害の広がりから推測されるアライグマの個体数増加や分布拡大の程度は、楽観できない状況になりつつあった。

3　北の大地でのアライグマ対策の試み

アライグマによる農作物などへの被害が表面化しはじめたころ、北海道大学の池田透名誉教授は、北海道全市町村の担当者にアライグマの分布状況に関するアンケート調査を実施している（池田　一九九二、一九九五）。調査は一九九二年と一九九五年に、もっとも野生動物情報に精通していると考えられる鳥獣保護員と自然保護観察員を中心に、全道の獣医師も対象にして実施された。その結果、北海道の全二一二市町村のうち、一九九二年時点で一四市町村、一九九五年時点で一八市町村からアライグマの生息情報（目撃または痕跡の情報）が得られている。一九九二年と一九九五年の両年のアンケートで生息情報が得られた市町村は、最初に野生化が報告された恵庭市を中心とした千歳市・長沼町・由仁町一帯と、北村（当時）・砂川市・羅臼町で、池田名誉教授は、道央部と道東部ではアライグマが確実に定着している可能性を指摘している。また、道内での生息情報の分布が、最初の野生化記録があった恵庭市とは必ずしも連続していないことから、アライグマの野生化は多発的に発生していて、発生源は恵庭市での最初の事例一つではないことが明らかであると結論づけている（池田　一九九九）。

さらに、池田名誉教授によるアンケート調査では、アライグマの入手経路についても聞き取りをしている。その結果、入手経路が明らかになった四二例のうち、ペット販売店から購入したのはわずか一五例のみで、残りの二七例は他人から飼育個体や捕獲個体を譲り受けたものであることが明らかになった。これらの結果から池田名誉教授は、捕獲された野生化アライグマが、ほかの地域へ人為的に運ばれて再度逃亡したり遺棄されたりした可能性を指摘している。私も、博士課程の研究の中で、親が捕獲されて「みなしご」となったアライグマの幼獣を取り扱ったことが何度もある。まだ立って歩くこともできずキュルキュルと鳴く幼獣を初めて自身の手で抱いたときに、スターリング少年のように「飼って世話をしてあげたい」という気持ちになっても不思議ではないな、と感じたことを覚えている。アライグマを捕獲はしたものの、かわいらしくて処分するのは忍びない。「みなしご」を飼ってくれるなら、譲渡することを選択したケースは実際にあったと考えてよいだろう（図3-6）。

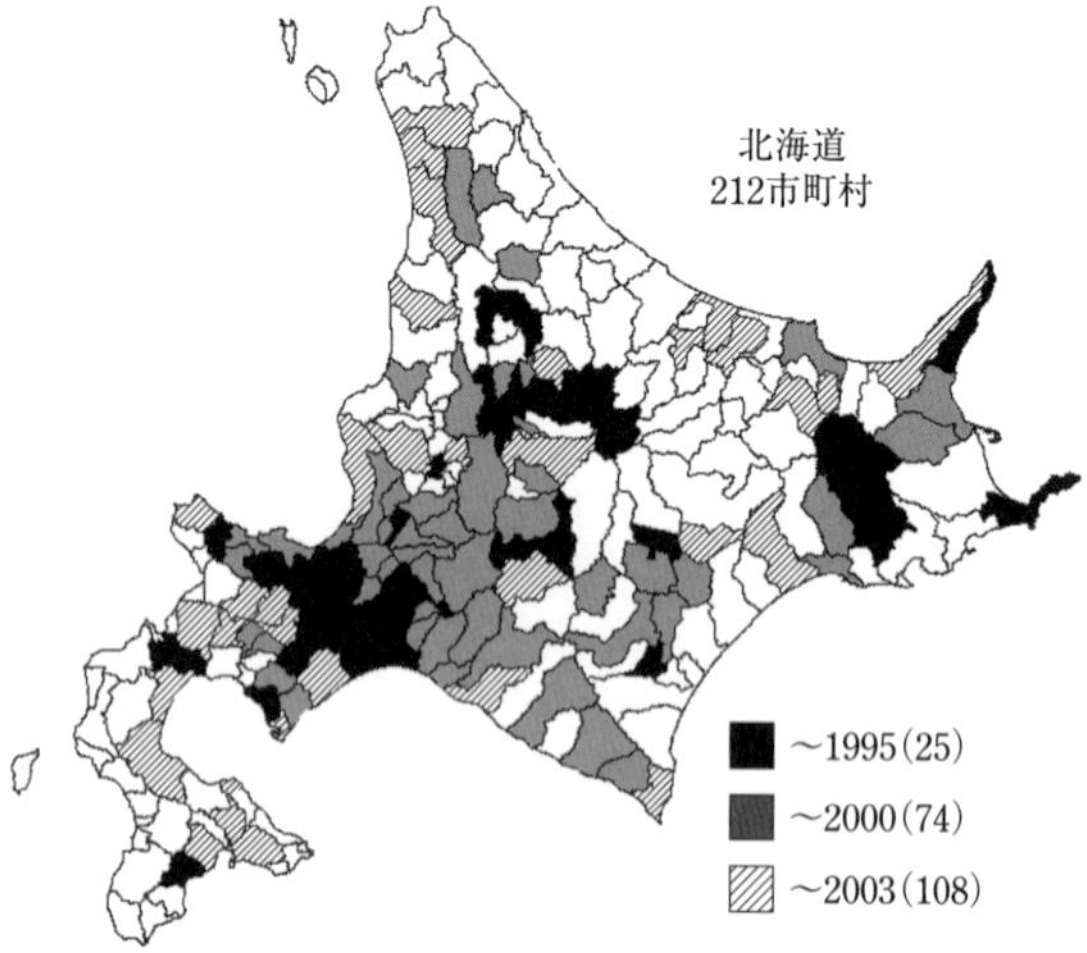

図 3-6　北海道におけるアライグマの分布の推移（1995 年から 2003 年）
池田（1995）および北海道の公表データをもとに著者が作成した。アンケートなどにより生息情報が確認された市町村数は 1995 年（黒）までは 25 だったが、2000 年（灰）には 74、2003 年には 108（斜線）に増加した。

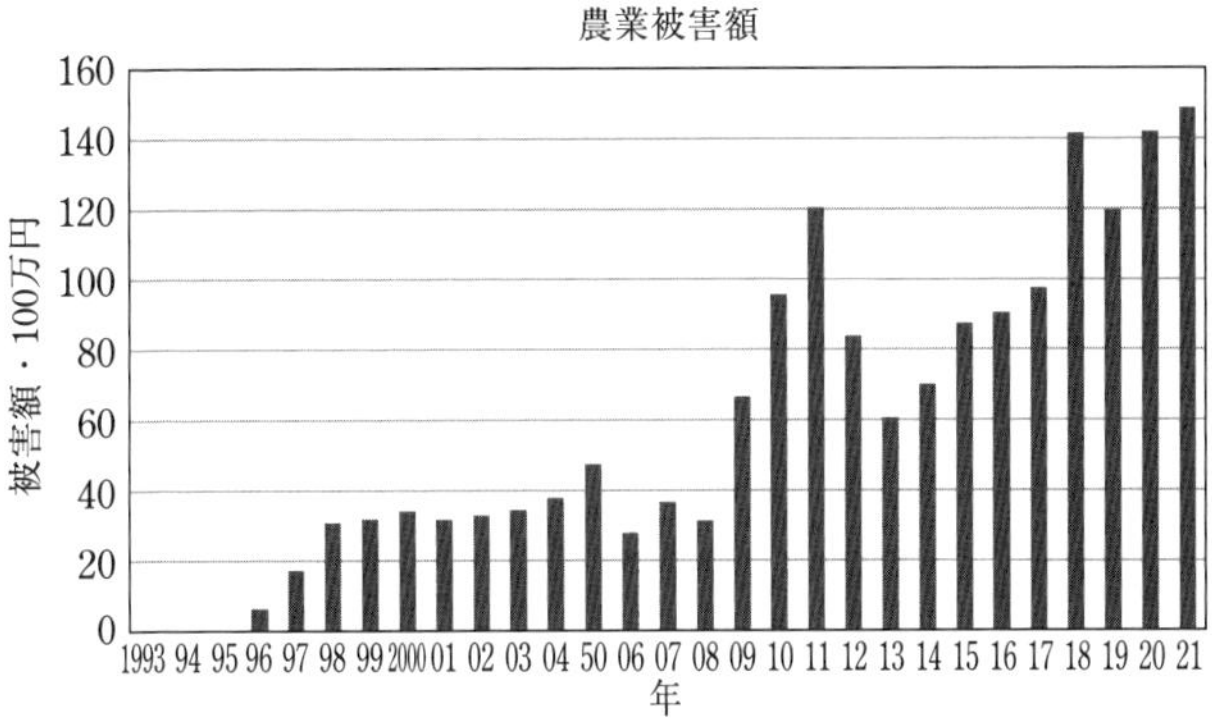

図 3-7　北海道におけるアライグマによる農業被害額の推移（1996 年から 2021 年）
（北海道自然環境局「令和３年度北海道におけるアライグマの生息等の状況」[2021] より）

池田名誉教授によるアンケート調査の結果などからもわかるとおり、北海道では一九九〇年代に急速にアライグマの分布拡大が進んで、初めて有害駆除が開始された一九九七年には農作物被害金額は全道で一七〇〇万円を超えるまでになっていた（図3-7）。北海道が一九九八年に行ったアライグマに関する調査では、野生化情報はさらに増加し、二一二市町村のうち四五市町村から得られるようになっていた。池田名誉教授らは、市町村だけではなく支庁（当時）や全道レベルでのアライグマ対策の必要性を指摘していた。この章の冒頭でも少し紹介したが、私が北海道でアライグマの研究をはじめたのは、ちょうどこのころである。

このような状況を受けて北海道は、外来種としてのアライグマの野外からの排除に向けて「北海道アライグマ緊急対策事業」を一九九九年から開始した。当時は、外来生物法の公布（二〇〇四年）前である。国としての法的な整備がなされるよりも前に、外来種としてのアライグマ対策の必要性を認識して施策に反映した北海道は、きわめて先進的であったといえるだろう。この事業で北海道は、アライグマの積極的な捕獲を行うとともに、効率的な捕獲方法の検討、捕獲データを用いて算出される除去法や捕獲効率などによる個体数のモニタリング、生態学的データの収集なども平行して行った。これらのデータをもとに、アライグマ対策の方針やそのための具体的な手法などについて検討を重ねた。そして、二〇〇三年に「北海道アライグマ対策基本方針」を策定し、都道府県として日本で最初となる本格的な対策に乗り出したのである。「北海道アライグマ対策基本方針」は二〇〇九年に改定され、生物多様性の保全、健康被害の防止、アライグマによる農業などの被害防止を目的として、野外からの排除を最終目標に置いている。おもな具体的対策は、野生化の防止、野外からの排除のための捕獲、生息や被害状況などのモニタリング体制の構築、調査研究の推進、普及啓発などで、これらの経緯と取り組みは、ほかの都府県におけるアライグマ対策立案の際にも大いに参考になったことだろう。その後、北海道でのアライグマ対策がどのような成果を上げ、どのような課題を抱えるようになったかについては、第5章でくわしく紹介する。

4　日本各地に広がった被害

国内初の愛知県での野生化事例である一九六二年から四五年ほど経った二〇〇六年までには、アライグマの生息に関する情報は、全国四七都道府県で得られるようになってしまっていた（池田　二〇〇八）。分布の拡大にともなって、全国各地で、野生化したアライグマによるさまざまな被害が報告されるようになった。おそらく、読者のみなさんがお住まいの地域でも、アライグマによるなにかしらの問題が生じているのではなかろうか。アライグマによる被害は、もっとも認識されやすい農業被害のほかにも、在来種の捕食による生態系被害、家屋や神社仏閣などへの侵入による生活環境や文化財への被害など、地域によって多様である。ここからは、私が実際に訪れたことがある、北海道以外の地域でのアライグマ被害のいくつかを紹介しよう。

5　卵が消えた——トウキョウサンショウウオの捕食（神奈川県）

今から一五年以上前のこと。低地に造成された住宅地を抜け、私たちを乗せたマイクロバスは高台を目指して坂道を走っていた。両脇を雑木林に囲まれた坂道をしばらく登ると、ぱっと視界が開けて平坦な土地に出た。そこには、まるでグリーンの絨毯のように美しく育苗されたキャベツ畑が台地の一面に広がっている。緑一色のキャベツ畑の先に目をやると、遠目には群青色の海が望める。そのコントラストの美しさは、そこが農地とは思えないほどであったことを今でも思い出す。ここ三浦半島は、神奈川県の南東部に位置し、東京湾、相模湾、太平洋と三方を海に囲まれ、黒潮の影響を受けて冬も暖かい海洋性気候に属している。半島の耕地面積はおよそ一八〇〇ヘクタールもあるという。恵まれた気候条件を生かし、秋から春はダイコンとキャベツ、夏はスイカ、カボチャ、メロンなどを中心に、年二作から三作の輪作で生産性が高い農業が行われている。とくにダイコンやキャベツは全国屈指の生産量で、国の指定産地にもなっている。三浦ダイコンといえば、年末に売られる高級野菜として全国的にも有名なので、ご存じの方も多いだろう。

この日は、地元の専門家が日ごろから調査をしているフィールドを案内してくれるということで、アライグマ研究者仲間らとともに、この三浦半島を初めて訪れたのだった。フィールドに向かうまでの道中、三浦半島の自然のみならず、先述のような気候や地形、土地利用などについても、地元の方がていねいに解説をしてくださったのである。そんな解説を聞きながら農地を抜け、舗装されていない農道を進んだ先にあるひと気のない開けた草地に、マイクロバスは停まった。いよいよ地元の方の調査場所の一つである、トウキョウサンショウウオ（*Hynobius tokyoensis*）の生息地に到着したのだ。

サンショウウオと聞くと、「生きた化石」ともいわれる世界最大の両生類オオサンショウウオ（*Andrias japonicus*）を思い浮かべるかもしれない。しかし、日本には現在約五〇種もの小型サンショウウオが生息していて、固有種比率や国の面積に対する多様性が世界的に非常に高いことはあまり知られていないだろう。トウキョウサンショウウオは、一九三一年に当時の東京府西多摩郡多西村で採取された個体が、新種と確認されたことにちなんで命名された日本固有種である。現在は、福島県、茨城県、栃木県、千葉県、埼玉県、東京都、神奈川県の七都県にのみ分布している。ところが、新種としての確認後は、宅地開発、ゴルフ場や道路の建設による生息地の破壊、谷あいの水田（谷津田）の耕作放棄地化による繁殖地の乾燥化、販売やペット目的の乱獲、そしてアライグマやアメリカザリガニ（*Procambarus clarkii*）による捕食などによって、生息数が減少してしまっている。このような状況から、最新の環境省レッドリスト二〇二〇では絶滅危惧種Ⅱ類に掲載されているほか、さらに種の保存法によって特定第二種国内希少野生動植物種にも指定（二〇二〇年）され、販売や頒布目的での捕獲や譲渡が禁止されている（図3-8）。

●日本固有の両生類です。
●体の大きさは８～13cm です。
●繁殖期は１～４月で、メスは１回の産卵で１対の卵のう（卵の入った袋）を生みます。卵のうはクロワッサンのような形をしていて、１対の卵のうには平均 50 ～ 120 個の卵が入っています。孵化した幼生（子ども）は水中で生活しますが、夏から秋までに変態して陸に上がり、その後、３～５年で大人になります。
●環境省レッドリスト 2020 では、絶滅危惧 II 類 (VU) とされています。
© 自然環境研究センター

図 3-8　トウキョウサンショウウオ
（環境省自然環境局野生生物課希少種保全推進室より。https://www.env.go.jp/content/900527479.pdf）

トウキョウサンショウウオの研究者の一人である東京都立大学（当時）の草野保博士らが、トウキョウサンショウウオの生態などについて網羅的にまとめた報告がある（草野・川上 一九九九）。この報告書によれば、トウキョウサンショウウオは、標高三〇〇メートル以下の丘陵や低山地にある、落葉広葉樹からなる二次林やスギやヒノキの人工林などに生息する、里山を代表する生物の一つだ。成体の全長は八センチメートルから一三センチメートルで、昼間は落ち葉の下などに潜んでいて夜に活動する。繁殖期は一月から四月で、水田や湧水溜まりなどで五〇個から一二〇個ほどの卵を産む。卵はクロワッサンのような形をした特徴的な卵囊に包まれており、五月に水中で孵化（幼生）する。その後、夏から秋までには変態して幼体になり、生活場所を水から陸へと変え、冬の間は陸上の土中で過ごす（越冬）。生後三年から五年ほどになってようやく繁殖に参加できるようになるが、その後もゆっくりと成長する。正確な寿命は不明なものの、野生下でも生後一〇年以上の個体の繁殖参加が確認されていることから、かなり長生きすると考えられている。食性は動物食で、幼体は水中の小動物を、成体は昆虫やミミズなどの土壌生物を食べる。このように、トウキョウサンショウウオは生活史の中で、産卵や幼生の生活の場である水場と、変態後の生活の場である水場周囲の森林とを、うまく使い分けて生活している。つまり彼らの生存には、水と陸の両方の生息地がそろっていることが必要なのである。それに加え、トウキョウサンショウウオを含む多くの両生類では、特定の繁殖場へのこだわりが強く、それも自分の生まれ育った水場に戻ってきて繁殖をする個体が多いとされている。

私たちを案内してくれた三浦半島自然誌研究会（当時）の金田正人氏の話では、神奈川県では唯一残されたトウキョウサンショウウオの自然生息地である三浦半島では、その存在が知られたころから、地元の有志によって調査が行われてきた。三浦半島でも、ほかの生息地域と同様に、道路建設や宅地造成などの大規模開発で、生息環境が大きく変化した。また、産卵池となる水辺や周辺の森林が、水田農業の衰退によって管理されなくなり、水辺の水量や水質が変化したり、森林植生の遷移が進むなどして、生息地が減少していったのだという（金田・大野 一九九八）。生息地の劣化が進む状況の中、例年は数百個の卵嚢が確認されていた三浦半島のある地区で行われた産卵確認調査で、一九九八年にアライグマと思われる足跡が確認され、二〇〇一年には生体の被食痕も確認された（小田谷ら二〇一二）。二〇〇三年の産卵確認調査では、卵嚢確認数が八個に減り、翌二〇〇四年にはわずか四個の卵嚢しか確認できなくなってしまったという。その後の自動撮影カメラ調査で、実際に生息地にきているアライグマが撮影され、アライグマによる捕食が確実なものとなった（金田二〇〇五）。トウキョウサンショウウオは、繁殖期に産卵のために水辺にやってくるメスを迎えるため、多数のオスが池に集まる習性がある。繁殖期に水辺に大集合する成体や、産み残された卵嚢は、アライグマにとって格好のご馳走になってしまったのである（図3-9）。もともと、生息地となる里山環境の劣化による影響があったところに、アライグマによる捕食被害が追い討ちをかけ、トウキョウサンショウウオが危機的な状況にあると、以前より金田氏から相談を受けていた。この日の現地視察は、金田氏からの相談がきっかけとなって、実現したのだった。

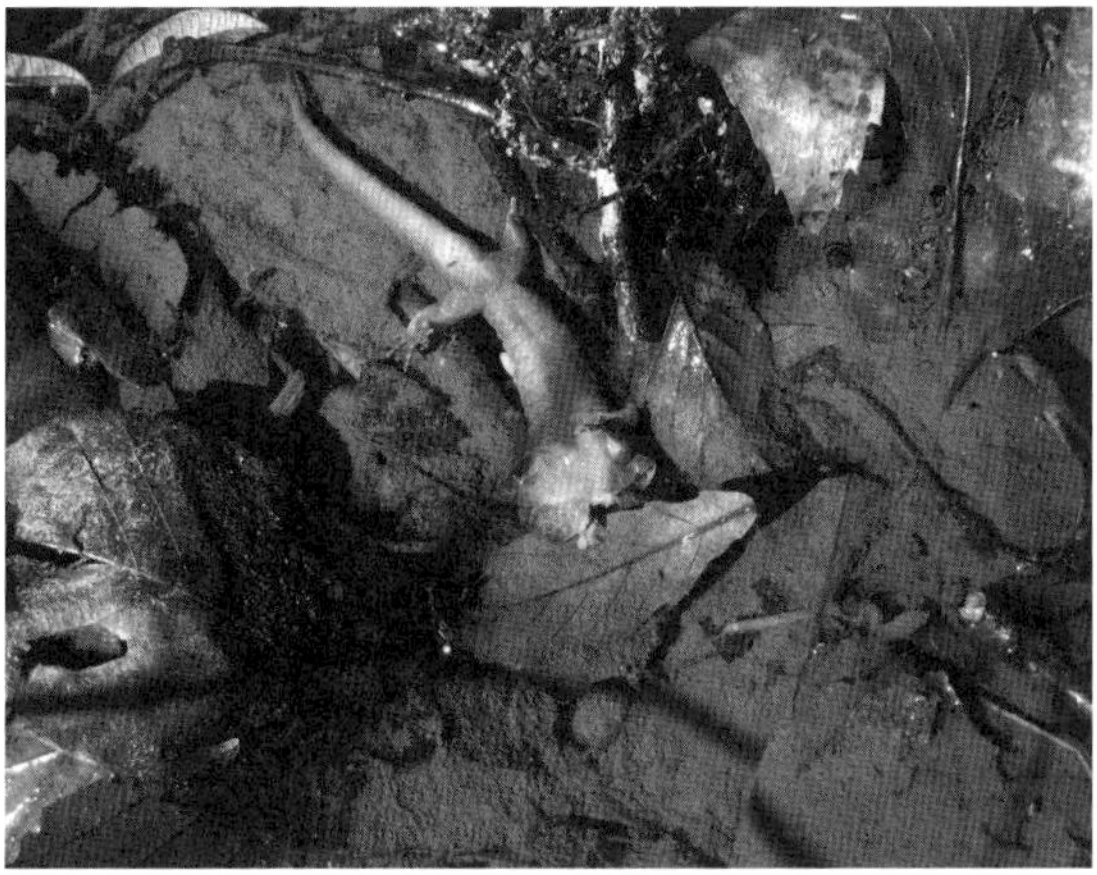

図 3-9　アライグマによるトウキョウサンショウウオの被食痕
2008 年 2 月に東京都青梅市で撮影された成体の被食痕。体の上半分が食べられてしまっている。（トウキョウサンショウウオ研究会・草野保博士提供）

神奈川県立博物館学芸員（当時）の中村一恵氏によるアライグマに関する調査では、神奈川県では一九八八年に鎌倉市で確実な定着が確認されているが（中村 一九九一）、一九九六年ごろには三浦半島での定着も確認され、二〇〇五年には半島全域に生息するまでに広がってしまっていた。アライグマによるトウキョウサンショウウオの捕食被害が確認されたこともあり、三浦半島では二〇〇七年に、環境省による平成一九年度関東地域アライグマ防除モデル事業として、被害防止策の調査が行われている。その結果、電気柵でアライグマの侵入を防いだトウキョウサンショウウオの産卵場所では、成体の捕食が見られず、卵嚢確認数が増加するなどの効果が確認されている（野生動物保護管理事務所 二〇〇八）。しかし、電気柵は、あくまでも産卵場所へのアライグマの侵入を予防するだけであり、アライグマの個体数そのものを減らす効果はない。現在でも、三浦半島ではアライグマが多数生息している。世界で唯一の固有種トウキョウサンショウウオが生き残れるかは、アライグマ対策と彼らの生息環境の回復にかかっているのである。

6　世界遺産に残された五本の爪痕――神社仏閣への侵入（京都府）

古都京都。二〇一四年度には国内外から八三七五万人もの過去最高の観光客が訪れた記録がある、だれもが認める日本を代表する世界屈指の観光都市だ。修学旅行でもお馴染みなので、みなさんも一度は訪れたことがあるだろう。その京都にはどのくらいの社寺があるか気になって以前調べたことがあるが、府内には神社が一七〇〇以上、寺院が三〇〇〇以上もあるのだという。たとえば、ＪＲ京都駅からも望むことができる東寺、インバウンドの間で爆発的な人気スポットになった伏見稲荷大社、教科書にも載っている鹿苑寺（金閣寺）や慈照寺（銀閣寺）、そのほかにも瑠璃光院や平等院、南禅寺などなど、有名社寺をあげたら枚挙にいとまがない。

図 3-10　国宝の清水寺（京都）本堂（国宝）（著者撮影）

そんな有名寺院の一つに清水寺がある。京都にくるほとんどの観光客が訪れるであろうこの寺院の開創は、公式ウェブサイトによれば今からさかのぼること約一二五〇年前の七七八年とされている。境内には、国宝と重要文化財を含む多くの堂塔伽藍があり、創建以来何度も火災に遭って堂塔を焼失しては、人々の厚い信仰によって再建されてきた。現在の伽藍のほとんどは、江戸時代の一六三三年に再建されたものである。清水寺を代表する本堂である通称「清水の舞台」は、一九五二年に国宝に指定されている（図3-10）。また清水寺は、一九九四年にユネスコの世界文化遺産「古都京都の文化財」の一つ（一七文化財）として登録されている。

私は、二〇〇六年に京都大学で開催された日本哺乳類学会大会の後に、久しぶりにこの清水寺を再訪することにしていた。お茶や八つ橋などの土産物屋が並ぶ参道の坂道を上り詰めた先にある仁王門で記念写真を撮り、西門、三重塔、本堂など、次々と境内を拝観していった。この日の私は、風景にはほとんど目もくれず、双眼鏡を片手に堂塔の梁や柱ばかりを気にして観覧していたので、ほかの観光客からは変わった人物と思われていたに違いない。そして、ようやく梁の一つにおめあてであった、「あるもの」を見つけた。おめあてのものとは、特徴のある足跡と五本の爪痕。そう、まぎれもなくアライグマが侵入したことを示す痕跡だ（図3-11）。

私が古都京都で、このような拝観をすることになったきっかけは、関西野生生物研究所代表の川道美枝子博士の研究報告を知っていたからだった。川道氏は、二〇〇四年末から、京都における野生化アライグマの実態調査をはじめられていた。調査報告によれば、当時の京都市の担当者は、アライグマの存在については、未認識あるいは危機的とはとらえていなかったようだ。しかし、川道氏が山沿いの社寺を調べると、建造物への侵入や天井裏での営巣など、野生化したアライグマに困っている社寺があることが明らかとなった。そのため、文化財への被害の拡大を懸念し、二〇〇五年から本格的に関西野生生物研究所として社寺を中心に調査や捕獲を開始したと報告している（川道ら 二〇一〇）。

関西野生生物研究所が公開しているアライグマ関連の資料には、実際にアライグマの被害に遭った京都市内の由緒ある寺院の事例が紹介されている。その寺院では、重要文化財建造物に指定されている門のすべての柱にアライグマの爪痕があり、建物への侵入口となる天井の化粧野地板の一部は破壊され、屋根上にはアライグマが営巣した痕跡や大量の糞尿も確認された。侵入や営巣による被害にとどまらず、京都府内のほかの社寺では、アライグマが堂内の仏像をかじったり、壁画を損傷したり、お供物を食べたりなどの被害も報告されているようだ。日本の古い社寺の建造物は、木造で開放的な構造をしているものが多いという特徴がある。そのため、木登りができて手先が器用なアライグマにとっては、社寺に侵入することは朝飯前だ。そういった建造物の天井裏は、ほかの動物が入ってくることもなく、日中の休み場所になったり子育ての場所になったりと、うってつけだったことだろう。京都にはもともと社寺

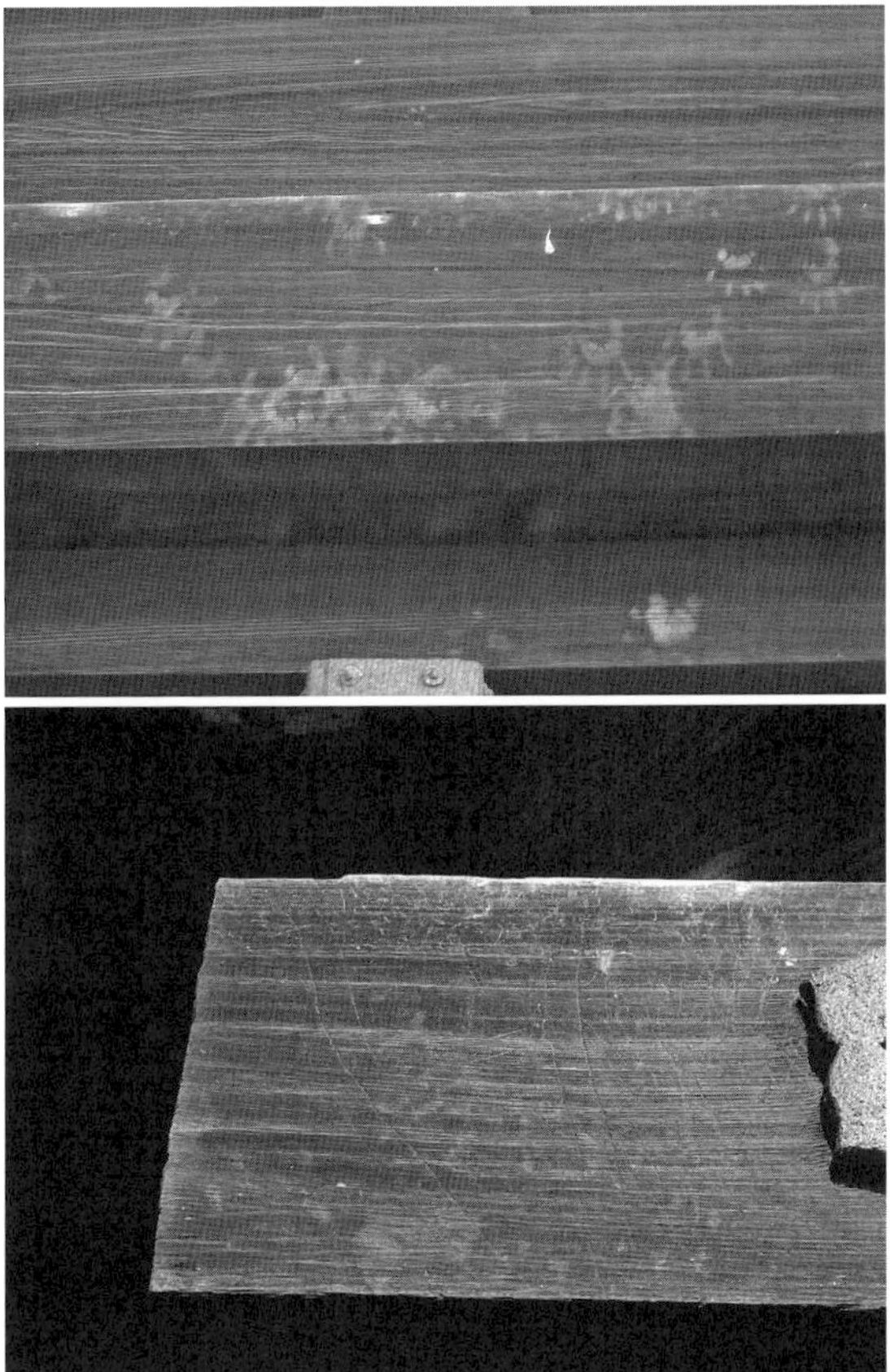

図 3-11　清水寺（京都）に残されたアライグマの痕跡
梁に 5 本の指跡（上）と爪痕（下）がしっかりとついている。（2006 年著者撮影）

の数が多いことに加え、それらの多くが社寺林に囲われている。人間の生活圏の中にある社寺に営巣すれば、すみかだけではなく、残飯やノラネコ用の餌、金魚などの観賞魚など、食物となるものに効率よくアクセスすることも可能だ。社寺建造物の多くが重要文化財や国宝にも指定されている京都では、アライグマの生息があまり認識されない間に、侵入や営巣による文化財への被害が広がってしまったようだ。また、社寺の敷地内でアライグマを捕獲することは殺生にも通じるため、対策がしにくかったという宗教上の要因も影響があったことだろう。

アライグマによる社寺への侵入被害は、なにも京都に限ったことではない。お隣の奈良県でも、法隆寺や唐招提寺にアライグマの爪痕が確認されたことがある。和歌山県では、アンケート調査した一九一社寺のおよそ半数の九〇社寺で、アライグマによるなんらかの被害があったことが報告されている（宮下ら 二〇一三）。私の住む岐阜県でも、由緒ある寺院で、二〇〇三年に国宝である観音堂の損壊があり、地元のニュースで大きく報道された。おそらく、アライグマの分布状況を考えれば、神社仏閣への侵入被害は、全国各地で生じていても不思議ではないだろう。もちろん、彼らは、建造物として社寺だけを好むわけではなく、古民家や空き家、畜舎や農作業小屋など、天井や軒下に入り込める隙間があれば、どんな建物にも侵入する可能性がある。爪を引っかけるところがあれば、垂直の壁でも簡単に登ってしまう能力を持っている。

アライグマは、本来は、水場のある森林を生息地として好むが、餌資源やねぐらがあれば人為的な環境にもたくみに適応し、いわゆるアーバンワイルドライフ（都市型野生動物）として生活できる動物だ。住宅や社寺への侵入による直接的な被害に加え、人間の生活圏の近くに生息することで公衆衛生上のリスクも懸念される。日本がこれからますます人口減少社会へと進む中で、中山間地域のみならず都市部においても、使われなくなる建造物は増えていくだろう。被害を大きくしないためには、身のまわりにアライグマが利用している建物がないか、特徴的な爪痕や足跡を探し、早めに対策をとることが必要だ。

7 酸っぱいものも好き――ミカンに群がるアライグマ（和歌山県）

大阪から白浜行きの特急に乗り換えて二時間ほど揺られると、車窓のすぐ右手には和歌山湾が広がり、左手には列車の間際まで山が迫った景色になっていく。海岸線と山との間のわずかな敷地をしばらく電車が進むと、和歌山県田辺市の玄関口である紀伊田辺駅に到着する。田辺市を含む和歌山の紀中・紀南地域は、海産物はもちろん、夏は梅、秋から冬はミカンと、産物に恵まれた豊かな地域で、南高梅、有田ミカン、温州ミカンの産地として有名だ。和歌山のミカン栽培は江戸時代にまでさかのぼるようで、今ではミカン以外にもポンカン、デコポン、ハッサク、シラヌイなど、一年を通して柑橘類が栽培されている。黒潮の影響を受けて温暖多雨な気候の田辺市は、地形や土壌もマッチして、有田市と並びミカンの一大産地である。

扇状地に広がる田辺市の市街地から、内陸に向けて三〇分ほど車を走らせると、その風景は一変して傾斜地ばかりになってゆく。その起伏に富んだ厳しい傾斜の丘陵地一面が、人間の手で植えられた低木で覆われているのが遠くからでもわかる（図3-12）。近づくと、山の斜面を切り開き、石垣を組んで階段状にいくつもの畑をつくり、ミカンが整然と植えられている。ミカン畑の丘陵地をさらに山奥に進ん

図 3–12　田辺市のひき岩群と奥に広がるミカン畑
和歌山県の天然記念物になっている「ひき岩群」。ヒキガエルの群れのような形の奇岩が望める。奥の丘陵地にはミカン畑が広がっている。（著者撮影）

で標高が高い地域に入ると、丘陵地はミカン畑から梅の果樹園へと変わってゆく。このあたりは傾斜地や痩せ地が多く、水田には適さないため、礫質で崩れやすく水はけのよい山の斜面を梅林として利用している。梅林を囲うように残された薪炭林は、梅畑の水源涵養や崩落防止の機能だけでなく、梅の受粉を担うニホンミツバチ（*Apis cerana japonica*）の生息地としても機能している。ウバメガシの薪炭林からつくられる炭が、だれもが知る最高級燃料の紀州備長炭である。このようなニホンミツバチと梅の共生関係による持続的な農業が、四〇〇年間も維持されてきたことから、「みなべ・田辺の梅システム」は、二〇一五年に世界農業遺産にも認定されている。

そんな丘陵地にある田辺市のふるさと自然公園センターの鈴木和男氏を訪ねるため、私は一〇年以上前から毎年のように田辺市にきている。鈴木氏との初見は、二〇〇二年に富山大学で開催された日本哺乳類学会大会だったと記憶している。北海道におけるアライグマの繁殖や個体群動態に関する研究成果を発表した大会で、真っ黒に日焼けされた鈴木氏が、当時大学院生だった私を見かけて声をかけてくださったのである。鈴木氏の話では、田辺市でもアライグマが増加しているが住宅侵入や農作物被害が広がっていること、捕獲はしているが生態学的な分析が不足しているということだった。学会でそんな会話を交わしたことがきっかけで、その後に鈴木氏と共同研究をはじめたのだった。

田辺市では、農作物被害の急増を受け、外来生物法（第5章4節参照）の施行前である二〇〇二年からアライグマの捕獲が開始されている。開始に先立って、市とJA紀南とが協働で捕獲を進める体制を構築した。鈴木氏は、捕獲された個体のほぼすべてを回収し、外部計測、解剖、材料採取、データ整理をされていた。毎日のように市やJAからアライグマ捕獲の連絡を受けて現地へ車で向かい、個体を回収してセンターへ戻り、屋外で外部計測から材料採取までのすべての作業を、たった一人でこなしていた。初めて学会でお会いしたときに真っ黒に日焼けしていたのは、こんなたいへんな屋外作業を一年中ずっとされているからだと理解したのは、初めて田辺を訪れて鈴木氏の業務に同行したときだった。田辺市で捕獲が開始されてから二〇年以上経った今でも、鈴木氏はこの業務を続けておられる。日本の哺乳類学において、これほどの長期間、同地域でほぼすべての捕獲個体を収集して分析を続けている研究者を、私はほかに知らない。これまでに鈴木氏が収集したアライグマは六〇〇〇頭以上にもなっている。私やこれまでの私の指導学生のみならず、鈴木氏から材料提供を受けた研究者は数えきれない。

鈴木氏との交流がはじまった翌年の二〇〇三年、鈴木氏が自動撮影カメラで撮影されたというアライグマの写真を見て、私は一瞬目を疑った。売りものにならないミカンがまとめて廃棄されているところに、夜な夜なアライグマがきていたのだ（図3-13）。アライグマがスイートコーン、スイカやメロンといったような甘いものを好むことは知っていたが、まさか柑橘類のミカンにまで手を出すとは！　彼ら

図 3–13　廃棄ミカンを食べるアライグマ
売りものにならない温州ミカンの廃棄場所にアライグマが訪れていた。器用に手で皮をむいて実を食べている。和歌山県田辺市にて2003年1月に自動撮影カメラで撮影された。(ふるさと自然公園センター・鈴木和男氏提供)

の食性の広さに驚くと同時に、私は頭を抱えてしまったのである。さらに、傾斜地につくられたミカン畑は、彼らに餌資源を提供するだけでなく、ふだんはあまり人間が入らないために営巣場所にもなっているようだ。実際に私も、二〇一五年三月に田辺市を訪れた際に、ミカン畑にある大きな広葉樹の洞で営巣していた母アライグマと三頭の子どもの捕獲を手伝ったことがある（図3-14）。

田辺市に限らず、売りものにならない果樹や野菜を、人手不足のためにやむをえず畑のそばに廃棄したり放置してしまう状況は、多くの地域で見られる。しかし、そのような収穫残渣の放棄は、結果的にアライグマをはじめとする野生動物への餌付けや誘因につながってしまう。「意図しない餌付け」でも、動物の行動

図 3-14　ミカン畑で子育てをしていたアライグマ
ミカン畑に植えられていた広葉樹の穴でアライグマが3頭の子どもを産んでいた。穴から顔を出す母アライグマ（上）と3頭の子ども（下）。(田辺市にて2015年著者撮影)

は簡単に変わってしまうのだ。鈴木氏が撮影した写真は、野生動物のたくましさと農作物被害対策のむずかしさを示している。

第4章　異国で生きるアライグマのたくましさ

1　日本におけるアライグマ研究

これまで、アライグマの生態や日本を含む世界各地での定着の経緯、北海道を中心としていくつかの地域における被害状況などについて紹介してきた。本来の生息地である北米では、一九八〇年代ごろまではアライグマの成長や繁殖、行動などの純粋な生物学や生態学の研究は多く発表されていた。しかし、その後は、そのような基礎的な研究に関する論文はぐっと減っている。原産地では、アライグマはどこにでもいて、身近でめずらしい動物ではないこともあってか、シカやクマなどのほかの動物に比べて研究の対象にしている専門家は多くはないようだ。じつは、日本でも同じような傾向があるように感じている。たとえば、日本では多くの地域でタヌキやキツネは身近にいる動物のはずなのだが、私が所属している野生動物系の学会では、タヌキやキツネの生態に関する発表はとても少ない。その一方で、近年問題になっているシカやイノシシ、クマやサルなどの比較的大型な動物の研究発表は多い。とくに、それらの動物に対する個体数管理や被害防除についての研究発表はとても多くなっている。研究対象にも、時代や社会の状況に応じた流行のような傾向があるのだ。もちろん、問題になっている動物の研究が進むことで、課題解決に向けた新しい科学的な知見やデータがそろうだけでなく、野生動物と人間とのよりよい関わり方について議論を深めることは、たいへん重要なことである。

さて、日本におけるアライグマの研究に関していえば、私が研究をしはじめた一九九八年ごろは、まだ学会での発表数は少なかった。第3章でも紹介したが、北海道大学の池田透名誉教授は、古くからアライグマをはじめとする外来種問題に関する研究に取り組まれており、アライグマ問題の解決のための社会学的なアプローチだけでなく、アライグマの行動などの生態学的な研究発表もされていた。大学院博士課程でアライグマを研究対象にすると決めた私は、池田名誉教授とは所属学部は異なっていたが、調査地の選定や解明すべき課題の整理など、研究計画の立案においてたいへんお世話になった。それだけではなく、ときには、一緒にアライグマの捕獲調査をしたり、北海道のみならずアライグマが問題になりはじめた全国の被害地の視察に同行させていただいたりもした。そのような中で、新たな研究仲間とのつながりや、アライグマ問題に取り組んでおられる関係者とも知り合う機会が得られたことは、その後の研究を進めるうえで非常に有意義なことであった。やがて、アライグマ問題が全国各地へ広がるにつれ、アライグマに関する学会発表や研究報告も増えていったが、今ではその数はまた減少してしまっている。アライグマは今でも社会的には大きな問題ではあるが、基礎的な知見がある程度整理されたことや、課題解決が現実には思うように進まないことなどから、若い研究者にとっては研究対象として少し選びにくいのかもしれない。

さて、私が初めてアライグマの研究に着手した北海道では、一九八〇年代から一九九〇年代にアライグマによる被害が深刻化して分布も拡大していったが、アライグマの研究はなかなか進んでいない状況であった。もともとの生息地である北米と異国の日本とでは、彼らを取り巻く環境や状況には異なる点も多い。そこで、この章では、北米での研究成果も交えながら、日本ではもっとも研究がさかんに行われた北海道における研究成果を中心に紹介し、異国で生きるアライグマを見ていくことにする。ややマニアックな用語やデータも含まれているが、少しおつきあいいただきたい。

2 アライグマの行動・生態

日本で最初にアライグマの野生化が確認されたのは、一九七七年の岐阜県可児市であった（第2章4節参照）。それからまもない一九八四年に、当時から岐阜県で哺乳類の研究を熱心にされていた安藤志郎氏と梶浦敬一氏によって、可児市におけるアライグマの生息状況に関する緊急調査が行われている（安藤・梶浦 一九八五）。両氏は、この調査の翌年（一九八六年）にも赤外線自動撮影カメラを用いた追加調査を行っている（梶浦・安藤 一九八六）。これらの二つが、日本での野生化アライグマの生息状況や生態に関する初めての調査報告であろう。当時は、外来種がもたらす問題が国内ではまだ広く認識されていなかったことを思えば、アライグマ野生化の状況をいち早く懸念して行われた両氏によるこれらの研究は、非常に先駆的な報告であったと感心してやまない。そこで、日本における野生化アライグマ研究の先駆けとして、安藤志郎氏と梶浦敬一氏による二つの報告の一部を紹介しよう。

最初にアライグマの定着が確認された当時の可児市は、田畑や二次林が広がっているものの、名古屋市のベッドタウンとして宅地造成が急速に進んでいた。その一方で、市内を流れる木曽川とその水系の一つである可児川の両河畔には自然も残され、川岸の崖には風化によってできた大小の自然穴も見られる環境があり、アライグマにとっては住み心地として申し分なさそうな環境であった。両氏が一九八四年に実施した、可児市土田周辺でのアライグマの目撃や捕獲の情報の聞き取りや生息確認状況調査（安藤・梶浦 一九八五）では、一九七七年以降に累計で六五頭の目撃や捕獲の情報が確認されている。この中には、幼獣の捕獲も含まれていたことから、同地域で自然繁殖していることが確定的となった。調査では、アライグマは木曽川と可児川の流域に限定して生息しているが、少なくとも一〇〇頭を超えていると推定されている。調査の数年前（一九八二年）には、すでに「食べごろになるとスイカに穴を空け、中味をきれいに食べていく。スイカにバケツをかぶせて保護しても役に立たず、この三年間で一度も収穫できなかった」という地元民からの被害報告も出ていたようだ。同様のスイカ被害は北海道などでも報告されているので、彼らの手先の器用さは生まれながらのもので、甘い作物には目がないという性質も原産地と変わっていないことがうかがえる。

両氏が一九八六年から一年間、可児川流域にて行った、アライグマの巣穴付近での二台の赤外線自動カメラ調査（梶浦・安藤 一九八六）では、アライグマの活動は日没四〇分後から日の出六〇分前までに集中しており、夜行性であることが示された。第1章でも紹介したとおり、原産国のアメリカでもアライグマは基本的にはおもに夜間に活動するので、日本においても一日の活動周期性はさほど変わっていないようだ。調査したアライグマの巣穴のそばにはタヌキの巣穴もあり、両種で「けもの道」を共有しているが、時間帯をずらして出現していた。今のところは共存しているようだが、出会った際にどうなるかについては継続調査の必要がある、と報告では述べられている。タヌキも、おもに日没から日の出までの夜間に活動する動物である。彼らにとっては、北米原産のアライグマは生まれて初めて出会う動物のはずなので、鉢合わせした場合にどのような行動をするのか、いつか私も間近で観察してみたいと思っている。観察した巣穴のアライグマは、冬でも活発に活動し、気温の影響を受けていなかった。調査地域の岐阜県可児市では、一二月から二月の冬期には最低気温が零下になる日も多いが、自動撮影カメラにはアライグマが頻繁に撮影されていた。

さて、原産地北米では、アライグマは寒い地域では冬期には活動が低下し、地域によっては数週間以上も巣穴で丸まって寝て過ごすことが知られている（Zeveloff 2002）。冬に活動が低下して寝て過ごす、と聞くと冬眠と混同してしまいがちだが、じつはアライグマは冬眠をしない（コラム2）。北米では、アライグマは低緯度地域から高緯度地域にまで広く分布しているが、分布域の多くでは、冬には非常に気温が低下する。春から秋には豊富に存在していた餌となる木の実などの植物も、昆虫、爬虫類、両生類などの小動物も、冬になると激減してしまう。さらに、行動範囲の多くが雪や氷で覆われてしまう地域も少なくない。私が、テレビアニメ「あらいぐまラスカル」の舞台となったウィスコンシン州にある大学を訪問したのも、ちょうどもっとも寒い真冬の二月であった。飛行機で最寄りの空港に着陸する際に上空から見下ろした景色は、一面雪と氷で覆われていた。晴れた日の昼間には穏やかな日差しを感じることはできたが、朝晩はマイナス一五度以下になる日もあった。滞在中に、宿泊していたホテルのそ

図 4-1　冬のウィスコンシン州シュメエックル保護区（Schmeeckle Reserve）の様子
テレビアニメ「あらいぐまラスカル」の舞台となった同州エジャトンから約 200 km 北にある野生生物保護区。非常に寒く、保護区内は一面雪に覆われて水辺も凍結していた。保護区にはアライグマを含むさまざまな野生生物が生息しているが、餌資源が乏しい冬は彼らには厳しい季節だ。（2010 年 2 月著者撮影）

ばにあるシュメエックル保護区（Schmeeckle Reserve）に朝の散策に出かけたのだが、外の冷たい空気を深く吸い込むと、鼻や肺が少し痛くなる感覚になるほどだった（図4-1）。こんな厳しい気候では、冬を無事に生き抜くことは、アライグマにとってたやすいことではないだろうと感じた。

　私が学生時代を過ごした札幌の冬も寒いが、最低気温がマイナス一〇度を下回ることはあまりない。ただ、大陸からの冷たい空気によって、日本海の水蒸気が冷やされて札幌に運ばれるため、冬には毎月一メートルから二メートルもの雪が降る。じつは、札幌は冬に五メートル以上の降雪がある、世界でもきわめてまれな大都市（人口一〇〇万人以上）の一つである。私が大学院生のとき、ほかの研究仲間が行っていたアライグマの行動調査を手伝ったことがある。その調査は、札幌市内にある農業関連の大きな試験場で行われていた。アライグマをはこわなで捕獲して麻酔で眠らせた後に、発信器をつけて再び放して一年間の行動を追跡する、というものだった。発信器からの電波を、特殊な受信機器を使って定期的に受信し、そのときにアライグマがいる位置を特定する、いわゆるラジオテレメトリー調査といわれるものだ。これによって、アライグマの一日の行動や季節的な行動範囲の変化などを明らかにするのが目的だった。アライグマは夜行性なので、調査はおもに日が暮れる時間帯から夜間にかけて行われる。その結果、調査地のアライグマは、春から秋までは活発に動きまわっていたのだが、冬になると行動を追跡できない日や特定の場所からほとんど動かない日が確認されるようになることがわかってきた。調査地の試験場の敷地には、広大な畑と森林が広がっていて、休耕作期となる冬はほとんどが深い雪に閉ざされてしまう。アライグマに装着した発信器からの電波を受信できない日が数日間も続いたので、餌がとれずに死んでしまったのかと心配もしたが、別の日にはまたなにごともなかったように電波を受信できるようになって安堵したものだ。調査では、行動を毎日追跡したわけではないが、冬の間には、行動が追跡できなかったり、行動が極端に狭い範囲だけだったりする日があった。冬の間一日中動かずに過ごしていた場所がどんなところだったのか、春になって雪が溶けてから探索してみると、試験場内にある無人の建物の床下や森林内であった。建物の床下には、外から動物が出入りできるような通気口があり、中に入れば雪をしのぐことができたのだろう。また、森林には、大きな木が生えているので、樹洞や木の根に入れば、やはり雪をしのぐことができそうだった。床下や木の穴などに入ってしまうと、アライグマにつけた発信器からの電波が物理的に遮られてしまい、受信できなくなってしまう。じっとしていた日が、冬でも特別に寒かったのか、あるいは大雪が降った日であったのかは、残念ながら記憶していないが、冬の何日間かはこのような穴でじっとして動かずに休むことで、エネルギーの消費を抑えていたのだろう。

冬は、アライグマが手に入れられる餌の量も質も一年でもっとも低く、餌を探す場所も限られてしまう。アライグマのふかふかな良質の冬毛をもってしても、当然ながら体温を維持するだけでもエネルギーは失われていく。北米の研究では、アライグマの体温は夏でも冬でも三八度前後を維持し、一年を通してエネルギー代謝率はほとんど変わらないことが報告されている（Mugaas *et al.* 1993）。少ない餌を探すために動きまわって消費するエネルギーが、手に入れた餌から得られるエネルギーよりも大きければ、エネルギー収支は赤字だ。赤字が続けば、秋に蓄えた脂肪も底を突いて死んでしまうので、アライグマは、このエネルギー収支をうまいことやりくりして冬を乗り越えなくてはならない。北米の研究では、アライグマは、母子や複数の個体が共同で一つの巣穴にこもることがあるという報告があるが（Gehrt 2003）、これも冬の体温維持のためのエネルギー消費を効率的に抑える工夫なのだろう。

次に、アライグマの行動圏サイズ（行動範囲）に関する研究を紹介しよう。行動圏については北米で多くの研究報告があり、多くは五〇ヘクタールから三〇〇ヘクタールと推定されている（Gehrt 2003）。最大では、オス二五六〇ヘクタール、メス八〇六ヘクタールで（Fritzell 1978）、最小では都市部の個体群で、オス一六ヘクタール、メス五ヘクタール（Hoffmann and Gottschang 1977）と報告されているが、これらは例外と考えてよさそうだ。ちなみに、一ヘクタールは一〇〇メートル四方（一〇〇メートル×一〇〇メートル）で、テニスコート三八面くらいの広さに相当する。アライグマの行動圏サイズは、個体群の密度が高いと小さくなる傾向があり（Ellis 1964; Sherfy and Chapman 1980）、行動圏サイズの違いは、その地域の餌資源の分布や質にも影響を受けるようである。また、一般にオスの行動圏サイズはメスよりも大きく（Gehrt 2003）、雌雄とも冬には行動圏サイズが小さくなる（Glueck *et al.* 1988）。

北海道でもっとも古いアライグマの逃亡記録が残っている恵庭市の河川流域で、一九九三年九月から一九九四年一〇月にかけて、アライグマの行動圏を調査した報告がある（倉島・庭瀬 一九九八）。成獣アライグマのオス四頭とメス七頭に、発信器を装着して日中の休息場所を一日一回探索し、行動圏の季節変動や個体どうしの関係性を明らかにしたラジオテレメトリー調査である。個体によって調査できた日数は異なる（一六七日間から四〇八日間）が、これだけ多くのアライグマに同時に発信器を装着して行動を調査した事例は、日本ではほとんどない。その結果、北米の傾向と同様に、アライグマの行動圏には季節によって違いが認められた。ほぼすべての個体で、冬期（一二月から三月）の行動圏は夏期（四月から一一月）に比べて大幅に縮小した。もっとも変化が大きかった個体では、夏期に二七八ヘクタールだった行動圏サイズが、冬期には一〇分の一以下の二五・五ヘクタールにまで小さくなった。また、オスどうしは排他的であった一方で、メスどうしは行動圏が重複し、オスの行動圏は複数のメスの行動圏と重複していた、と報告されている。行動圏サイズは個体差が大きく、冬期では二五・五ヘクタールから三八一ヘクタール、夏期では七〇ヘクタールから六四八・五ヘクタールであった。神奈川県鎌倉市で、二〇〇〇年の九月から一〇月に雌雄二頭ずつに発信器を装着した調査では、オスは九月が平均五四・五ヘクタールであったと報告されている（池田 二〇〇一）。市街地である鎌倉市のデータは、市街地から離れた河川流域で行われた恵庭市のデータに比べると、行動サイズが非常に小さい。

一七・三ヘクタール、一〇月が平均四三・五ヘクタール、メスは九月が平均二一・四ヘクタール、一〇月が平均五四・五ヘクタールであったと報告されている（池田 二〇〇一）。

これらの結果からも、季節や個体によって行動圏サイズが異なるのは、餌や水資源の量や分布、繁殖行動や休眠による活動性の変化など、さまざまな要因が関係していると考えられる。

図 4‒2　知床半島で初めて捕獲されたアライグマ（剝製）
2011 年に知床半島の羅臼町内で捕獲されたアライグマの剝製。
北海道大学文学部地域科学講座所有。（2024 年 2 月著者撮影）

アライグマの冬期の行動に関する札幌市と恵庭市での調査をあわせて考えると、北海道のアライグマは、北米と同様に冬には巣穴でじっとして動かない日があったり、行動範囲も狭くなり、活動性を大きく低下させていることがうかがえる。一方、先に紹介した岐阜県可児市のアライグマは、冬でも活発に活動していた（梶浦・安藤 一九八六）。同じ日本でも、冬の気温や積雪の有無、餌資源の入手しやすさなどによって、アライグマの冬期の活動性が異なることがよくわかる。しかし、北海道では、最北の街である稚内市でも、世界自然遺産に登録されている知床半島でも（図4‒2）、日本の最低気温を記録した上川町ですら、アライグマの分布が確認されている。これらの状況を考えると、日本の冬の寒さや積雪は、アライグマの侵入を妨ぐ自然の防波堤にはならないことがわかるだろう。ほんとうにアライグマはたくましい。別の見方をすれば、日本では、今はまだ分布が確認されていない地域であっても、アライグマが定着する可能性を想定しておくことが重要だともいえそうだ。

コラム2　冬眠について

冬眠とアライグマの冬の活動低下との違いを理解するためにも、哺乳類の冬眠について紹介しておこう。冬眠とは、文字どおり、餌資源が極端に少なくなる冬期を眠ってやりすごす、という特殊な生理メカニズムである。哺乳類は、気温とは関係なく一定の体温を保つことができる恒温動物であるが、なかには冬眠をする種もいる。知られているだけでも、一八〇種以上の哺乳類が冬眠をし、冬眠の仕方は種によって異なる点も多い。

たとえば、冬眠する小型哺乳類の代表ともいえるシマリス（*Tamias sibiricus*）は、冬眠期間中もときどきは起きて（中途覚醒）、冬眠前に貯めておいた餌を食べたり、排泄もする（川道 二〇〇〇）。一方、同じ小型哺乳類でもヤマネ（*Glirulus japonicus*）は、中途覚醒はするが、餌を食べることはない（柴田 二〇〇〇）。冬眠前に餌を貯蓄しない代わりに、冬眠に入るまでにたっぷりと蓄えた脂肪を利用して冬期をやりすごすという作戦である。シマリスもヤマネも、寝ている間は体温が外気温くらいにまで低下するが、〇度を下回ることはない。寝ている間、彼らは体温だけではなく、心拍数や呼吸数も極端に低下させ、消費するエネルギー量を極限まで減らす。中途覚醒のときには、体温や心拍数、呼吸数は平常時に近い状態にまで戻るが、覚醒が終わると再び眠りに入るということを繰り返す。

一方、冬眠する大型哺乳類の代表はクマ類であろう。世界には八種のクマが生息しているが、このうちで冬眠するのは北半球に分布するヒグマ（*Ursus arctos*）、アメリカクロクマ（*Ursus americanus*）、ツキノワグマ（*Ursus thibetanus*）、ホッキョクグマのメス（*Ursus maritimus*）、の四種である。日本には、このうちヒグマとツキノワグマが分布している。クマ類の冬眠は非常にユニークで、期間中はほとんど中途覚醒することがなく、絶え間なく眠り続ける。もちろん、食べることも水を飲むことも、排泄すらしないのだ。おまけに、メスは冬眠期間中に、出産と授乳までしてのけるという驚異的な生態の持ち主である。シマリスやヤマネなどと違って、冬眠中のクマの体温は、正常時よりも少しだけ低い状態を維持している。冬眠するクマ類は、蓄えた脂肪だけで冬眠中の全エネルギーをまかなっている。そのため、秋に栄養がある餌をたくさん食べ、体に十分な脂肪を蓄えねばならない。冬眠の前後では、脂肪の蓄積と消費によって、体重が三〇パーセントから四〇パーセントも増減するといわれている。冬眠するクマにとっては、どれだけ脂肪を蓄えて冬眠に入れるかが、文字どおり死活問題というわけだ。長い冬をずっと寝て過ごせるなんてうらやましい、と思ったら大まちがいなのだ。

このように、種によって違いはあれ、眠って過ごすことでエネルギー消費を抑え、餌資源が少ない冬をやりすごすという戦略が冬眠である。いいかえれば、冬でも生きていけるだけの食べものが手に入れられる動物では、無防備で危険な冬眠という戦略をあえてとることはしない。アライグマは、冬眠をしないという戦略で、冬を乗り切っている動物の一種なのである。

3　アライグマの繁殖

アライグマの繁殖や成長に関する研究も、原産地である北米では非常に多く報告されている。繁殖や成長は、野生動物の生態を知るうえで研究者がもっとも興味を抱くことの一つなので、アライグマでも野生個体の観察や飼育個体を用いて古くから研究されてきた。アライグマを含む動物学研究の先駆者の一人であるウェバー州立大学のゼヴェロフ名誉教授による著書"Raccoons: A Natural History"(Zeveloff 2002)には、これらの研究成果がまとめられており、私は今でも頻繁に参考にしている書籍の一つである。

一方、わが国では、国外由来の外来種としてのアライグマの繁殖や成長についての研究は、野生化してからしばらく経過するまでほとんどなされなかった。北米での膨大な研究成果はある程度参考にはできるが、北米と日本では餌資源や環境だけではなく、天敵や競合種などの動物相も異なるため、日本でのアライグマの繁殖や成長を明らかにすることは重要な研究テーマである。先に紹介した岐阜県可児市での報告(梶浦・安藤 一九八六)は、野生化してまもないころの繁殖に関する有益な情報を提供しているが、残念ながら観察個体数が少ないのと、自動撮影カメラの撮影範囲外での繁殖に関連する情報は得ることができていない。はたして、日本では、アライグマが一度に何頭くらい子どもを産むのか、何歳から子どもを産みはじめるのか、子どもが離乳するのはいつごろなのか、などは不明なままだったのである。

当時の所属研究室の大泰司紀之教授の助言もあり、私が大学院の博士課程の研究テーマとして北海道でアライグマの研究を開始したときは、日本におけるアライグマの繁殖や成長に関する生理学的な報告がまだ皆無に近かった。一方で、北海道では、最初にアライグマによる被害が深刻化した恵庭市を含む当時の石狩支庁(現在は石狩振興局に改組)を中心に、アライグマの農作物被害が拡大しつつある時期でもあった。有害鳥獣駆除によるアライグマの捕獲数や駆除の実施市町村数は増加しているが、被害の収束が見えてこず、北海道としても対策に苦慮していた。このまま、やみくもに有害鳥獣駆除を継続してほんとうに効果があるのか、分布拡大を抑えて個体数を減らすことができるのか、だれも根拠を持って予測ができない、そんな状況であった。

当初、私は、北海道でアライグマの研究を開始するにあたって、アライグマという動物そのものの生態や行動などの純粋な生態学的テーマを中心にするのか、外来種としてのアライグマの個体群管理を目的にすえたテーマにするのか、しばらくあれこれと悩んでいた。そんな中で、最初の調査地として選んだ恵庭市の担当者やアライグマ被害に悩む農家、アライグマの捕獲従事者など、アライグマを取り巻くさまざまな人たちと話をしていくうちに、私はアライグマの個体群管理にも貢献できるような研究を博士課程のテーマにすることを決断したのだった。

当時から、アライグマの有害鳥獣駆除を実施している市町村では、被害状況や捕獲地のほか、捕獲数、捕獲日、性別、体重などの捕獲データは集められていた。しかし、捕獲された個体のほとんどが人道的殺処分の後に焼却されていて、捕獲個体から材料を採取して行う捕獲個体分析は行っていなかった。行政も手がまわらなかっただろうし、そもそものようなアライグマの研究者もいなかった。捕獲数は、野外に生息しているアライグマから取り除いた数、すなわち個体群の増減からすると「マイナス」の要素を表していると見なすことができる。しかし、一方の「プラス」の要素、つまり、どれくらいの勢いで増加しているのかについては未解明だったということだ。すなわち、個体群の増減にどれくらい捕獲が寄与しているのかがわからない状況だった。そのほかにも、どれくらいの数のアライグマが北海道に生息しているのか、いったい何頭ぐらい捕獲すればアライグマを減らすことができるのか、などといった個体群管理を行ううえで必要なデータや分析が不十分な中で、有害鳥獣駆除が先行して行われている現状は、根本的に改善すべき課題だと私は感じていた。そこで、北海道のアライグマ個体群動態に関する「プラス」となる要因を明らかにするため、まずは繁殖や成長に関する研究に着手することにした。そのためには、捕獲された個体からの材料採取は不可欠であった。アライグマの有害鳥獣駆除を実施している市町村に直接出向き、研究の目的や得られるデータの有用性などを説明させていただいた。その結果、複数の市町村からご協力を仰ぐことができ、捕獲個体の回収をはじめた。以下では、北海道で私が大学院の博士課程の研究として行った、アライグマの繁殖特性（Asano *et al.* 2003a）を中心に紹介をしよう。

まず、北海道のアライグマのメスは何歳から繁殖を開始し、一回あたり何頭の子どもを出産するのか、いつごろ出産をしていつごろ離乳するのか、などのメスの繁殖特性を調べることにした。個体群の増加にもっとも大きく影響するのは、メスの繁殖力であるからだ。一回に一頭の子どもしか産まないシカなどの動物とは違って、一度に複数の子どもを産むアライグマでは、一回の繁殖で何頭の子どもを産むかを明らかにしなければ、個体群の増加率を推定することはできない。恵庭市や札幌市などの石狩支庁（当時）の複数の市町村で、一九九九年から二年間に、有害鳥獣駆除などにより捕獲され人道的に殺処分されたおよそ二四〇頭のメスのアライグマから、繁殖器官（卵巣・子宮）を採取した。これらを調べて胎盤痕または胎仔の有無を確認することで、産子数や胎仔の性比などが明らかにできる。胎盤痕とは、妊娠中に子宮に形成された胎盤の痕跡である。いわゆる「へその緒」といわれる臍帯は、胎盤を介して母体とつながっていて、胎仔は臍帯の血管を通して母体から必要な酸素や栄養の供給を受けて成長する。

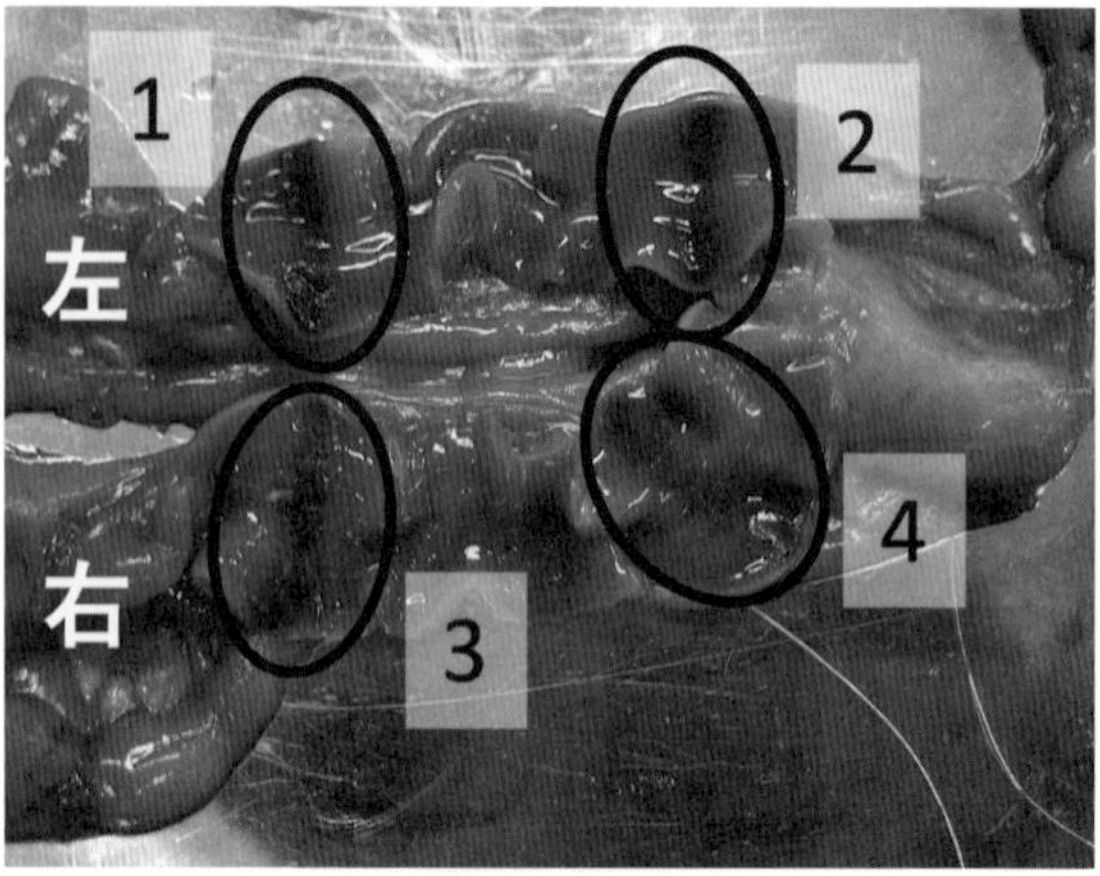

図 4-3　アライグマの胎盤痕
出産したメスの子宮に残る胎盤の痕跡（胎盤痕）。アライグマでは出産後、数カ月間は肉眼でも胎盤痕が確認できる。このアライグマには4つの胎盤痕が確認できるので、4頭の子どもを産んだと推定される。受精卵の子宮内移動によって、左右の子宮角に2つずつ胎盤痕が均等な配置で確認されることが多い。

基本的に一つの胎仔に一つ形成される胎盤は、出産後もしばらくは母親の子宮に痕跡（胎盤痕）として残るため、この胎盤痕の数を調べることで、その母親が何頭の子どもを産んだのか知ることができる。

少しマニアックな話になるが、アライグマの胎盤痕は、出産してから次の繁殖に向けて子宮の準備が整うころ（北海道では一一月から一二月くらい）までは、子宮を肉眼で観察することでも確認できる（図4-3）。アライグマでは、胎仔の発育場所となる子宮角は、ローマ字のYの字のように左右に一つずつあり、胎盤痕はその左右の子宮角に均等な間隔で確認されることが多い。これは、左右の卵巣から排卵された卵が、受精後に子宮内を移動して、均等な間隔で着床（子宮内移動）するためである（Llewellyn and Enders 1954; Dunn and Chapman 1983）。たとえば、左右に一つずつある卵巣のうち、左の卵巣から三個、右の卵巣から一個の排卵があったとしても、左右の子宮に二個ずつ均等な間隔で着床するのである。一度に多数の子どもを出産する多胎動物で、胚が不均一に子宮に着床して胎仔成長が妨げられないようにするメカニズムである。まさに、生命の神秘にほかならない。

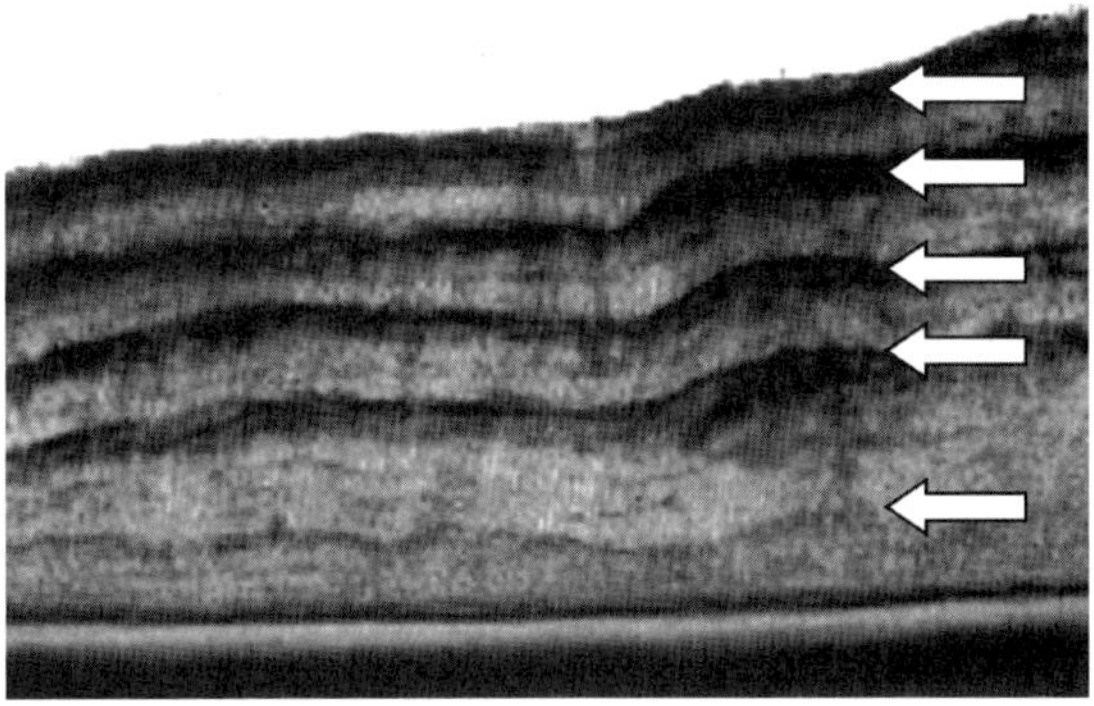

図 4-4　アライグマ犬歯のセメント質に形成された成長線
捕獲されたアライグマの年齢を調べるため犬歯を採取した。犬歯の根元にあるセメント質を特殊な処理をして顕微鏡で観察すると、木の年輪のような濃い線（白矢印）が確認できる。この個体は5本の線が確認されたので、5歳と判定された。

捕獲されたメスからは、子宮の採材だけではなく、乳頭からの泌乳の有無、すなわち、捕獲時点で授乳していたかも確認して記録した。北海道におけるアライグマの授乳期間を明らかにするためだ。ちなみに、アライグマの乳頭は左右三対合計六個ある。受精卵が着床した後、卵巣に形成される黄体などから分泌されるホルモンの働きによって、出産間近になると乳頭が肥大したり、色素が沈着する。そのため、過去に出産を経験したメスと未経産のメスとの判別は、この乳頭を見れば外見からだれでも比較的容易にできる（Sanderson and Nalbandov 1973; Sanderson 1987）。

さらに、アライグマの年齢を調べるために犬歯も採取した。歯の根元にはセメント質という組織があり、これを特殊な処理や染色をしてから顕微鏡で観察すると、木の年輪のような濃い線が確認できる（図4-4）。

図 4-5　同腹のアライグマの幼獣
およそ1カ月齢と思われるアライグマ。北海道では、アライグマは1回あたり3頭から4頭の子どもを出産することが明らかとなった。(Asano *et al.* 2003a より)

これを数えることで、そのアライグマの年齢を推定できる。

このようにして集めたメスのアライグマおよそ二四〇頭分の材料から、北海道のアライグマのメスの繁殖特性として、次のようなことが明らかになった。

①出産はおもに三月から五月ごろ(ピークは四月)だが、まれに初夏に出産するメスもいる。北米でのアライグマの妊娠期間(六三日から六五日)(Zeveloff 2002)から逆算して考えると、北海道のアライグマの交尾期間は一月から三月(ピークは二月)と推定された。

②繁殖率は一歳では平均六六パーセントで、二歳以上では九六パーセントであった。つまり、二歳以上のメスは毎年出産していると推定された。

③一回に出産する子どもの数は一頭から七頭で、一歳では平均三・六頭で、二歳以上では平均三・九頭と推定された(図4-5)。

④受精卵が着床した後に流産などで胎仔(または胚)が死亡する割合は、着床した受精卵のうち平均三一パーセントと推定された。

⑤六月までは授乳しているが、七月以降には泌乳しているメスは減少した（図4-6）。出産ピークとあわせて考えると、授乳期間はおよそ三カ月と推定された。

これら北海道のアライグマの繁殖に関するデータを、北米の同緯度地域でのアライグマのメスの繁殖データ（Stuewer 1943; Fritzell *et al.* 1985）と比較してみると、北海道のアライグマは、原産地と同等あるいはそれよりも高い繁殖ポテンシャルを持っているものと考えられた（表4-1）。

その後、私は北海道だけではなく、本州でのアライグマのメスの繁殖状況を調べるため、千葉県、大阪府、和歌山県でも同様の分析を行った（尾形 二〇〇七）。その結果、これら一府二県で、メスの繁殖率に地域による有意差は認められず、一歳は五〇パーセントから七三パーセント、二歳以上は八一パーセントから一〇〇パーセントで、北海道での結果（一歳六六パーセント、二歳以上九六パーセント）と類似していた。また、一回に出産する子どもの数も地域による差はなく、三・二頭から三・七

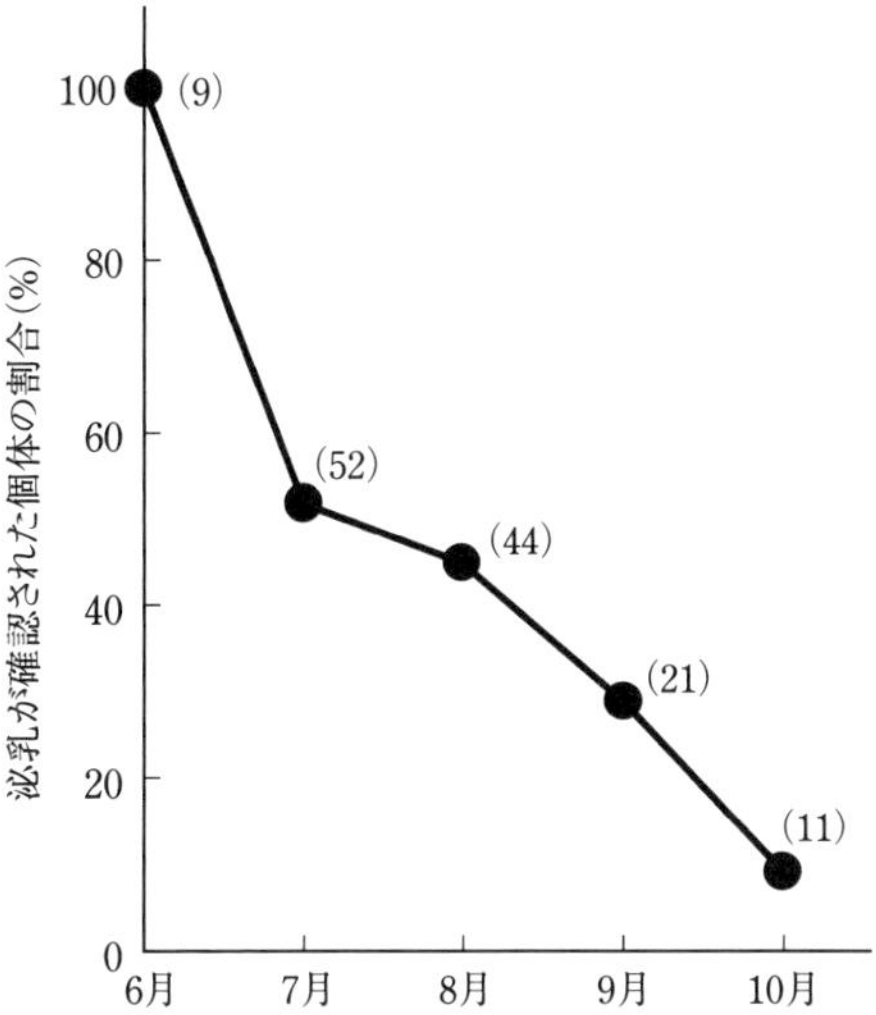

図 4-6　出産メスのうち泌乳が確認された個体の割合の推移
6月はすべての個体で泌乳が確認されたが、7月は50%程度まで減少した。9、10月でも泌乳が確認された個体がおり、夏にも出産する個体がいるものと考えられた。カッコ内の数値は調べた個体の数を示す。

表 4–1　北海道と北米のアライグマの繁殖指標
北海道と北米の同緯度の農業地帯における繁殖指標を比較した。北海道のアライグマは原産地と同等あるいはそれよりも高い繁殖ポテンシャルを持っているものと考えられた。

		北海道 (Asano *et al.* 2003a)	北米 (Stuewer 1943; Fritzel *et al.* 1985)
初産年齢		1 歳	1 歳
繁殖率	1 歳	66%	33% から 77%
(平均)	2 歳以上	96%	95% 以上
産子数	1 歳	3.6 頭	3.3 頭
(平均)	2 歳以上	3.9 頭	3.6 頭

頭で、こちらも北海道の平均値三・八頭とほぼ同様であった。日本獣医生命科学大学の大学院生（当時）であった加藤卓也氏による神奈川県鎌倉市での調査では（Kato *et al.* 2009）、メスは一歳で六五パーセント、二歳以上で七八パーセントが繁殖していた。妊娠メスの胎仔数の観察から、一腹あたりの胎仔数の平均は三・九頭であると算出している。また、京都府亀岡市での調査では、繁殖率と産子数は、一歳が五九パーセントで三・一頭、二歳以上では八九パーセントで三・八頭と推定されている（宇野、未発表）。

これまで紹介した、北海道や千葉県、大阪府、和歌山県、神奈川県、京都府の各地での、メスのアライグマの繁殖率などに地域間で大きな差はない。まとめると、日本では、アライグマは生まれてから最初に迎える繁殖期でも六割から七割ほどのメスが繁殖に参加し、その後はほとんど（八割以上）のメスが毎年繁殖している。また、一回あたり三頭から四頭の子どもを産んでいるといえそうだ。

一方、繁殖率や産子数と違って、出産時期は地域によって違いがあるようだ。北海道では、ほとんどのメスが春三月から五月（ピークは四月）に集中して出産をする。それに対して、和歌山県田辺市では四月から八月（鈴木 二〇〇七）、神奈川県鎌倉市では二月から一〇月（Kato *et al.* 2009）、京都府亀岡市では四月から九月（宇野ら 二〇一一）、千葉県では三月から七月（千葉県 二〇一二）と報告されている。つまり、北海道より南の地域では、出産時期に幅があり、北海道より少し遅い五月に出産のピークがあり、六月から九月にも一定の割合で出産する個体がいることがうかがえる。

じつは、原産地でも、冬期の厳しさや緯度などの違いによって、アライグマの交尾時期に違いがある。ほとんどの地域では交尾は二月から三月で、より緯度の低い地域では三月から八月ごろまで続く（Gehrt 2003）。たとえば、北緯三三度のアラバマ州（Johnson 1970）や北緯二五度の南フロリダ州（Bigler *et al.* 1981）では、四月中旬に交尾期のピークがあり、八月くらいまで交尾期が続く。北海道の私の調査対象地域は北緯四三度付近で、北米の一般的な交尾時期（二月から三月）と同様である。一方、出産期が北海道よりやや遅く、夏にも一定の割合で出産する個体がいる神奈川県鎌倉市は、北緯三五度付近なので、日本でも緯度の違いによる繁殖時期の差が生じていると思われる。日本でも、さらに緯度が低く比較的冬が温暖な地域でのアライグマの繁殖時期が明らかになれば、緯度と繁殖時期との関係について、より多くのことがわかるだろう。

アライグマは発情期になると排卵する自然排卵動物で（Sanderson and Nalbandov 1973; Sanderson 1987）、その発情の誘起には気温や積雪量は影響しないことが、北米で実験的に示されている（Bissonnette and Csech 1938）。交尾後、およそ六三日の妊娠期間（Kaufmann 1982; Sanderson 1987）を経て、春に出産をする。子どもが産まれる春から夏は、ちょうど餌も豊富な季節だ。子どもには秋までにしっかり餌を食べて成長してもらい、餌資源が減る厳しい冬を乗り越えてもらわねばならない。そのため、餌が増えはじめる春に子どもを産み、授乳期間が終わるころに夏を迎えるほうが都合がよく、子どもの死亡率を低く抑えることができる。しかし、私が北海道で集めた捕獲個体の中にも、夏に妊娠しているメスや出産したと思われるメスが、まれに確認されていた。夏に生まれた子どもは、春生まれの子どもに比べると、冬までに十分な成長も栄養を蓄えることもできない。そうなれば、夏生まれの子どものほとんどは、北海道の長く厳しい冬を乗り越えることはできず、死亡してしまうだろう。北海道のアライグマの出産時期が、春の三月から五月に集中しているのは、子どもが初めての厳しい冬を乗り越えられる確率を高めるためだろう、と考えている。一方で、北海道よりも低緯度で冬が厳しくなく、冬でも十分な餌が手に入れられる地域では、夏生まれでも冬を乗り越えて生存できる可能性は高い。ただ、夏生まれの個体は、生まれて初めての冬には体の成長が不十分で性成熟には達していないので、春以降に初めての発情をして交尾をし、夏から秋に出産をすることになるだろう。このように、夏生まれの子どもが生き残れる環境がある地域では、一定の割合で夏の出産サイクルが維持されるのだと推測される。

アライグマは、通常は一年に一回しか出産をしない。メスは、妊娠から平均四頭もの子育てを一頭でするので、一年に二回も出産することはできないのだ。テキサス州南部での研究では、ほとんどのメス（六二パーセント）は一度の発情期間に一頭のオスとしか交尾しなかったが、複数のオスと交尾する個体もいたと報告されている（Gehrt and Fritzell 1999）。さらに、妊娠がなんらかの理由でうまくいかずに一頭も出産できなかった場合や、出産後早期に子どもがすべて死亡してしまった場合には、再び発情をして交尾をするメスがいることが北米の研究からわかっている（Gehrt 2003）。私も、北海道のアライグマの胎盤痕分析において、数カ月間のうちに二回の妊娠をしたのではないか、と思われるメスを数例観察したことがある。しかし、数百頭のアライグマを分析しても、そのようなメスは数例のみだったことから、一年に二回の妊娠をすることは北海道でもきわめてまれであると考えている。このように、状況に応じて臨機応変に変わる交配システムや繁殖生理学的特徴は、アライグマが高い繁殖率を維持できる要因にもなっているのだろう。

さて、次にオスの繁殖についても少し触れておこう。成獣のオスは、交尾するときに三日間ほどメスとつがいになって行動をともにするが、交尾が終わるとメスから離れてしまう(Gehrt 2003)。そして、別の発情メスを探して交尾をする。つまり、オスは子育てにはまったく関与しない。ぜんぜん「イクメン」ではないのだ。オスは、一度の発情期間中に最大六頭のメスと交尾し、交尾の成功度はオスによって異なり、体重が大きく闘争で優位な地位を獲得したオスほど、多くのメスとペアになったと報告されている。つまり、ハーレムまではつくらないが、一夫多妻制と乱婚制とが混在しているような状況である、と述べられている(Gehrt and Fritzell 1999)。発情メスと出会ったらいつでも交尾できるように、発情期の前から精巣では精子をつくるための準備がはじまる。精巣の大きさは、交尾期の二カ月ほど前に最大になり(Johnson 1970; Sanderson and Nalbandov 1973; Dunn and Chapman 1983)、精巣ではさかんに精子が形成される。私たちヒトとは違って、季節繁殖動物のアライグマでは、精巣の大きさも重さも季節によって変わるのである。交尾期が終わると、精子形成は休止され、夏から初秋には精巣上体(精子がストックされる組織)には精子が存在しなくなる(Sanderson and Nalbandov 1973)。子どものオスのほとんどは、生まれて最初に迎える交尾期のピーク(二月から三月ごろ)よりも数カ月遅れて、性成熟に達する(Sanderson and Nalbandov 1973)。加えて、体格のみならず、社会的な経験も成獣に比べて未熟なので、生まれて最初の交尾期では、幼齢オスは繁殖活動にはほとんど参加できないだろう。

また、アライグマのオスの特徴としてぜひ紹介したいのは、陰茎骨である。陰茎骨は、その名のとおり陰茎の中にある骨だ。食肉類、サル目（ヒトにはない）ほか多種のオスにあるが、その役割ははっき

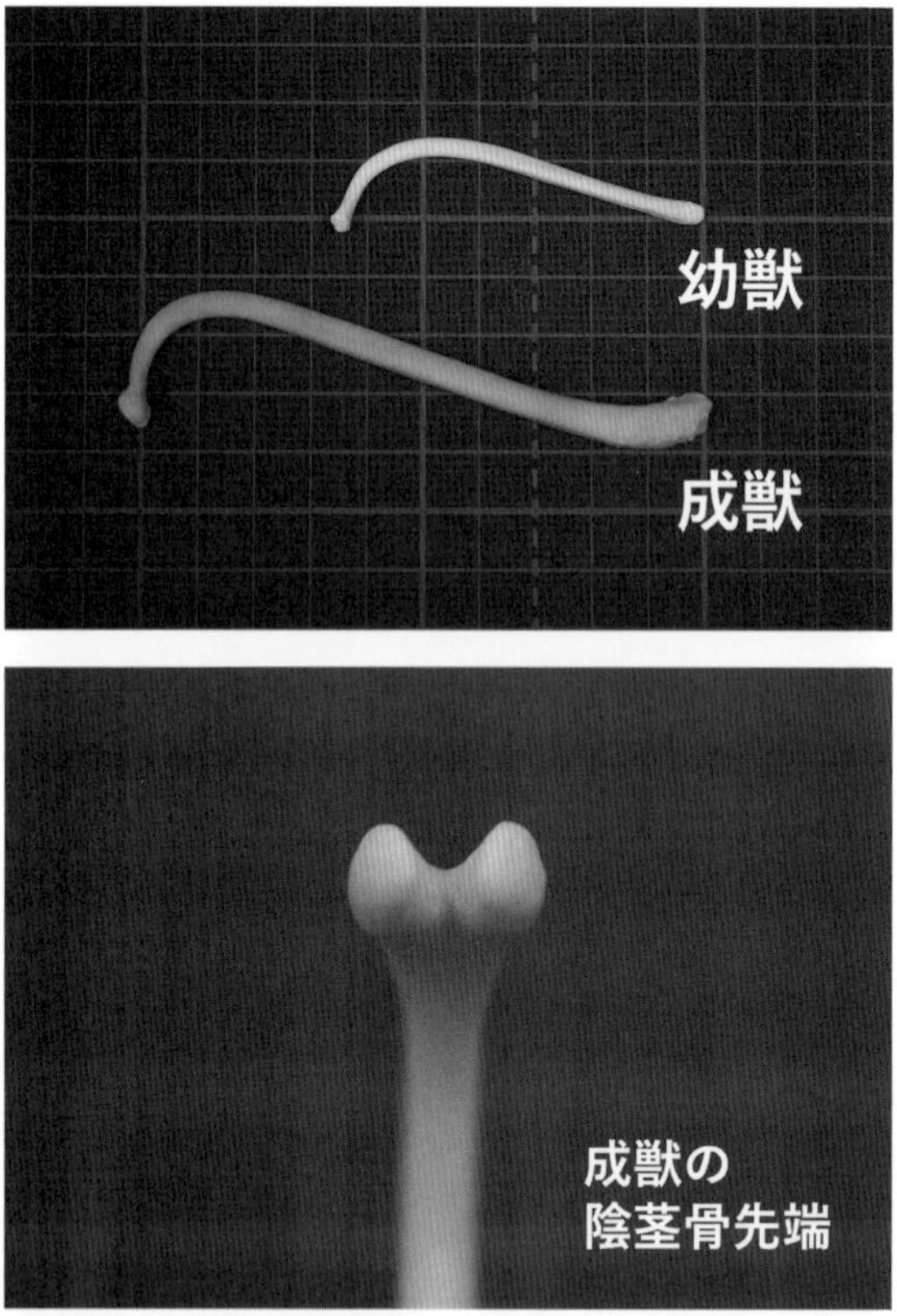

図 4-7　アライグマの陰茎骨
アライグマの陰茎骨はＳ字状で先端部が２つに割れたような形をしている。マス目は１cm を示す。（著者撮影）

りとはわかっていない。身近なところでは、イヌにもペニスを外から触るだけで陰茎骨があるのが簡単にわかるので、確認してみるとよいだろう。陰茎骨の長さや形は、種によってさまざまだが、アライグマの陰茎骨はほんとうに奇妙な形をしているのだ。S字状で先端は二つに割れていて、まるで関節のようにすら見える（図4-7）。私が勤務する大学の実習で、なにもいわずにアライグマの陰茎骨を学生に見せて「アライグマのどこの骨か」と質問しても、ほとんどの学生はわからず、苦しまぎれに「肋骨」、「鎖骨」などと答えるほどである。このような奇妙な形をした陰茎骨を備えたペニスが、交尾の際に勃起してメスの膣内に入るわけだが、どのような交尾をするのか、観察してみたいものである。アメリカでも、飼育下ではなく野生アライグマの交尾行動の詳細な報告は二つだけで、交尾は一時間ほど続くとされている（Goldman 1950; Stains 1956）。

4 アライグマの成長と体重の季節変動

アライグマの繁殖特性として、北海道ではおもに四月に生まれて二カ月ほどで離乳し、メスでは六割から七割の個体が、初めて迎える二月から三月に交尾をすることなどを紹介した。これらの特徴は、北米のほとんどの地域と同じことから、日本でも原産地と同じような早さでアライグマが成長をしていることが予想される。しかし、日本では、アライグマの出生後の成長についてのデータは皆無だった。そこで私は、繁殖だけでなく、北海道におけるアライグマの成長に関する分析も行うことにした。ここからは、その結果（Asano *et al.* 2003b）の一部を紹介しよう。

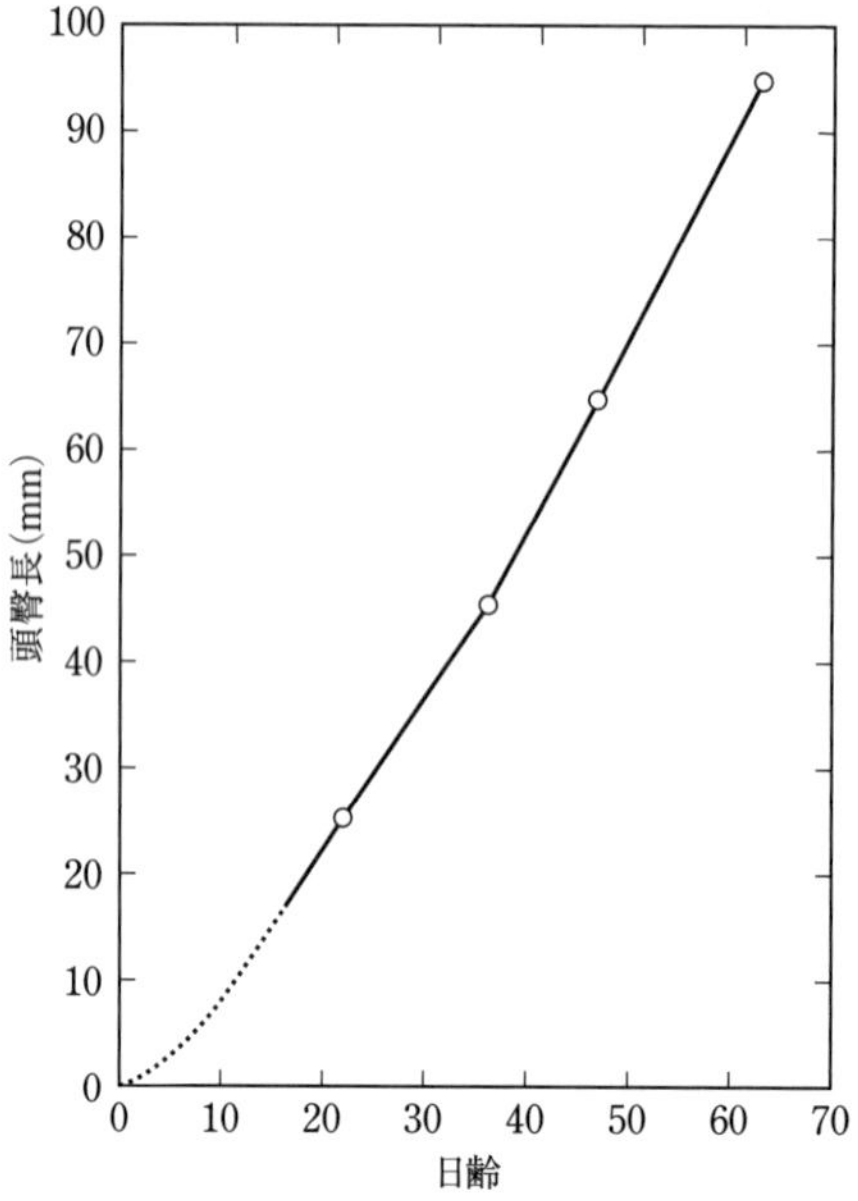

図 4-8 アライグマの胎仔頭臀長の成長曲線
横軸は胎齢（日齢）を縦軸は頭臀長（mm）を示している。メリーランド州で4歳のメスのアライグマを飼育下でオスと交配させて受胎を確認した後、21、35、46日齢および出生時（63日目）の3頭の同腹子の頭臀長を計測して成長曲線を作成した。（Llewellyn 1953 より改変）

北海道の江別市や札幌市などで、一九九九年五月から二〇〇一年一〇月に捕獲された雌雄のアライグマ、約六八〇個体を分析に用いた。まず得られた胎仔（五個体）から、出生時のサイズを推定した。その結果、平均でアライグマの出生時の大きさ（頭臀長）は、およそ九八ミリメートルで、体重は八四グラムと推定された。北米での報告（Zeveloff 2002）でも、大きさ（頭臀長）が九五ミリメートルで体重は六〇グラムから七五グラムとされているので、北海道のアライグマの胎仔サイズは、北米とほぼ同じといえそうだ。なおアメリカでは、七〇年も前に飼育アライグマを用い、胎仔の頭臀長を計測して作成された成長曲線が報告（Llewellyn 1953）されている（図4-8）。そして、先に紹介した、北海道におけるアライグマの繁殖に関する分析結果から、出生日を出産期（三月から五月）のちょうど中央にある四月一五日と仮定し、複数の齢査定法によって、幼獣（二五〇個体）、一歳（一二三個体）、二歳以上（二一一個体）の三つに区分し、体サイズ（頭胴長――鼻先から尾の付け根までの直線長）と体重の推移を性別ごとに調べた。

まずは、幼獣は生後いつごろに成獣と同じくらいの体サイズ（頭胴長）に達するのかを明らかにするため、幼獣の成長を分析した。これは、客観的な計測値である体の大きさや重さから幼獣か成獣かを区別できたら、捕獲個体からデータをとるうえで便利だろう、と考えたからだ。アライグマの捕獲を行っている市町村において、だれでも簡単に計測できる手法で、捕獲個体の幼獣か成獣かの判別ができるようになれば、捕獲効果の評価や効率的な個体数管理施策の検討に、有益となるだろうとの思いがあったからだ。出生から一八カ月齢までの頭胴長と体重の推移を調べた結果、雌雄ともにいずれの数値も急激に増加することがわかった（図4-9）。頭胴長も体重も、成長がほぼ頭打ちになる値（漸近値）は、メスよりもオスのほうが大きく、性差は六カ月齢以降に検出された。雌雄とも、頭胴長は四カ月齢から五カ月齢で、体重は六カ月齢から七カ月齢で、漸近値の九〇パーセントに達した。つまり、春に生まれた子どもは、頭胴長では九月ごろ、体重でも一一月ごろには、成獣とあまり変わらないくらいになってしまうため、それ以降は、体サイズや体重の計測値だけで成獣と幼獣とを正しく判別するのはむずかしい。ただ、当時の北海道では、捕獲がもっとも多かったのは、その年生まれのアライグマが四カ月齢になる八月で、八月に捕獲された個体がオスでは五・〇キログラム、メスでは四・〇キログラム以下ということならば、幼獣だとほぼ判断してよさそうであることはわかった。

頭胴長などの体の大きさは、成長にともなって増加していくが、やがて成長は止まって上限（閾値）に達した後は増加しない。しかし、一般的に野生動物の体重は、季節に応じて体脂肪量が変わることで、

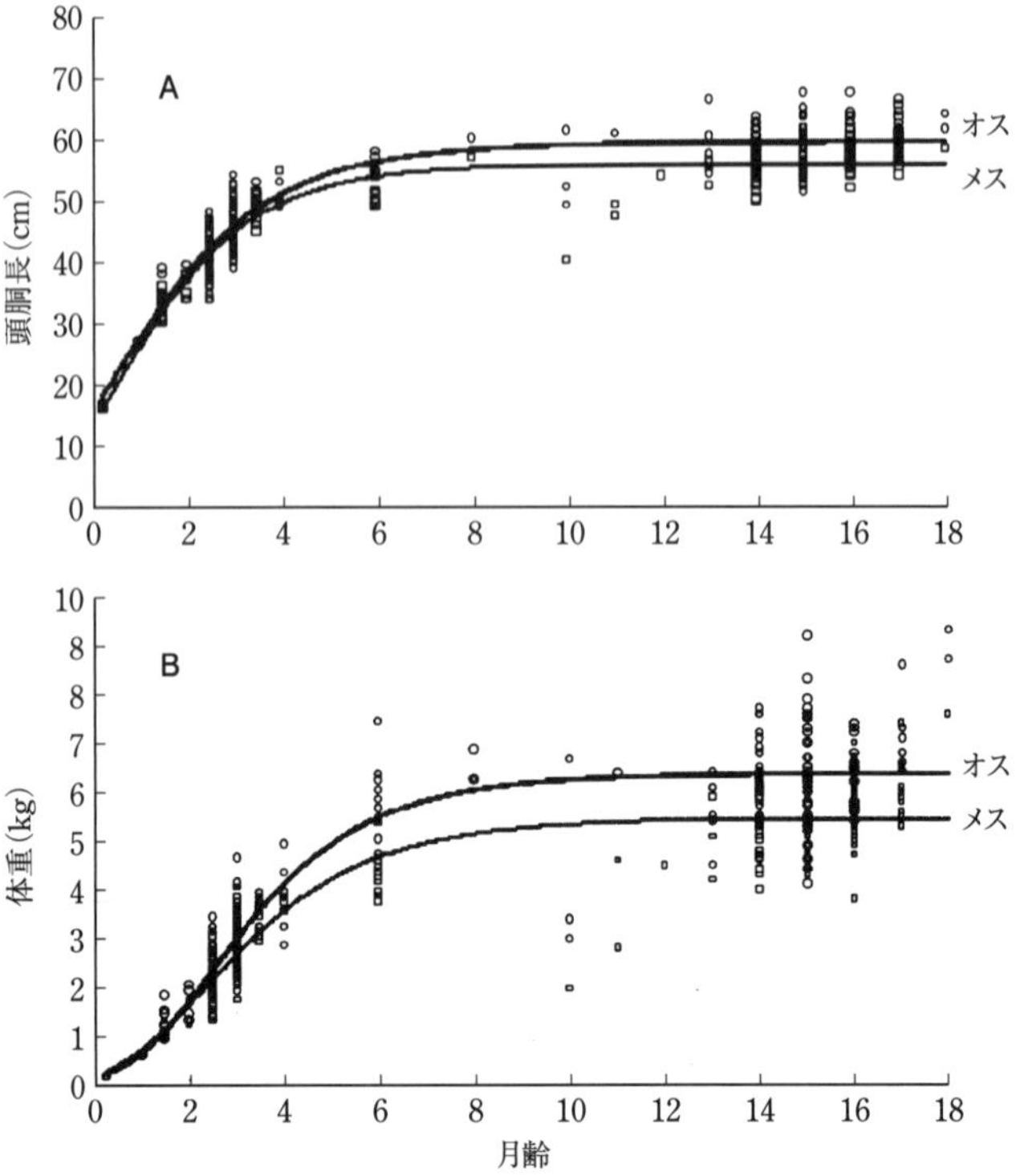

図 4-9　北海道のアライグマの 18 カ月齢までの頭胴長（A）と体重（B）の増加曲線

北海道のアライグマは、頭胴長では 5 カ月齢（9 月ごろ）、体重では 7 カ月齢（11 月ごろ）には、成獣とあまり変わらないくらいのサイズに成長する。（Asano *et al.* 2003b より）

周期的に変動する。そこで、北海道のアライグマの体重変動についても調べることにした。体サイズの成長がほぼ終わった二歳以上の成獣のアライグマの月別の平均体重を分析したところ、雌雄ともに変動が認められた。月別の平均体重の最大値と最小値の比較では、オス二五パーセント（およそ八・五キログラムから六・四キログラムで変動）、メス二八パーセント（およそ七・〇キログラムから五・〇キログラムで変動）の差があった。ただし、この分析結果には、サンプルが集められなかったために、体重がもっとも減るはずの冬から春（一一月から五月）のデータが含まれていない。つまり、体重の季節変動を過小評価している可能性が高い。おそらく、実際には、一年のうちで三〇パーセントくらいの変動があるのでは、と考えている。三〇パーセントの体重変動とはどれくらいか、読者のみなさんの体重に置き換えてみれば、驚くのではないだろうか。ちなみに、メタボな私の場合、一年間のうちで九歳の男子分の重さに相当する体重変動がある、ということになる。

北海道では、秋（九月以降）に、成獣アライグマの平均体重が雌雄とも急激に増加する傾向がある。この体重増加は、おもに体脂肪蓄積によるもので、同様の現象が原産地でも報告されている（Stuewer 1943; Mech *et al.* 1968; Moore and Kennedy 1985; Mugaas *et al.* 1993）。アライグマにとって秋は、餌が減少する冬に向けてのエネルギー蓄積の重要な時期であることが、体重変動からもうかがえる。アライグマの季節的な体重変動の大きさは、気候（緯度）と関係しているようである。原産地では、南緯度では秋に除脂肪体重の一〇パーセントから三〇パーセントしか脂肪を蓄積しないが（Johnson 1970; Moore and Kennedy 1985; Gehrt and Fritzell 1999）、冬が厳しい北緯度に生息するアライグマは、最大で除脂肪体重の五〇パーセントを蓄積する可能性がある（Stuewer 1943; Mech *et al.* 1968）。これらのことから、アライグマの体サイズは、冬の気候によって自然選択を受ける可能性が示唆されている(Mugaas and Seidensticker 1993)。つまり、除脂肪体重が大きい個体ほど、潜在的に蓄積可能な脂肪量も多くなり、それは、冬の間にアライグマが活動性を低下することができる時間の長さにも、影響をおよぼす。理論的には、より多くの脂肪を蓄えられる個体のほうが冬の生存率は高くなるので、冬が長く厳しい地域では、より体が大きな個体が選択されて優位になる、と推測されている(Gehrt 2003)。

内容がマニアックになりすぎたので、少し話を戻そう。先に紹介したとおり、アライグマの成長や体サイズの変動について調べたおもな目的は、外部計測値から雌雄や幼獣・成獣の判別が簡便にできないか、と考えたからであった(図4-10)。限られたサンプルではあるが、北海道での研究を通して考えた、比較的単純で、解剖などの専門的な技術を必要としない、雌雄や幼獣・成獣の判別方法や注意点を、最後に紹介したい。

①外見による雌雄の判別はむずかしい

雌雄は毛の色などの見た目から判別することはむずかしい。また、頭胴長や体重における性差も、さほど大きくはないので、誤判別する可能性が高いだろう。とくに、体重は栄養状態や季節変動のほかに、妊娠などの影響も受けるので、個体差は大きい。

②外部生殖器による雌雄の判別は容易

簡単で正確な雌雄判別法として、ペニスや陰嚢あるいは外陰部などの外部生殖器の確認がお勧めだ。外部生殖器は、生まれたばかりの幼獣のアライグマでも、下腹部や尾の付け根を見れば、容易に確認ができる。

③幼獣と成獣の判別や繁殖状況を確認する方法

幼獣と成獣の判別において、六カ月齢までの子どもなら、頭胴長や体重がある程度信頼性の高い指標になるだろう。やや専門的な知識が必要にはなるが、乳歯から永久歯への生え換わりが完了する生後六

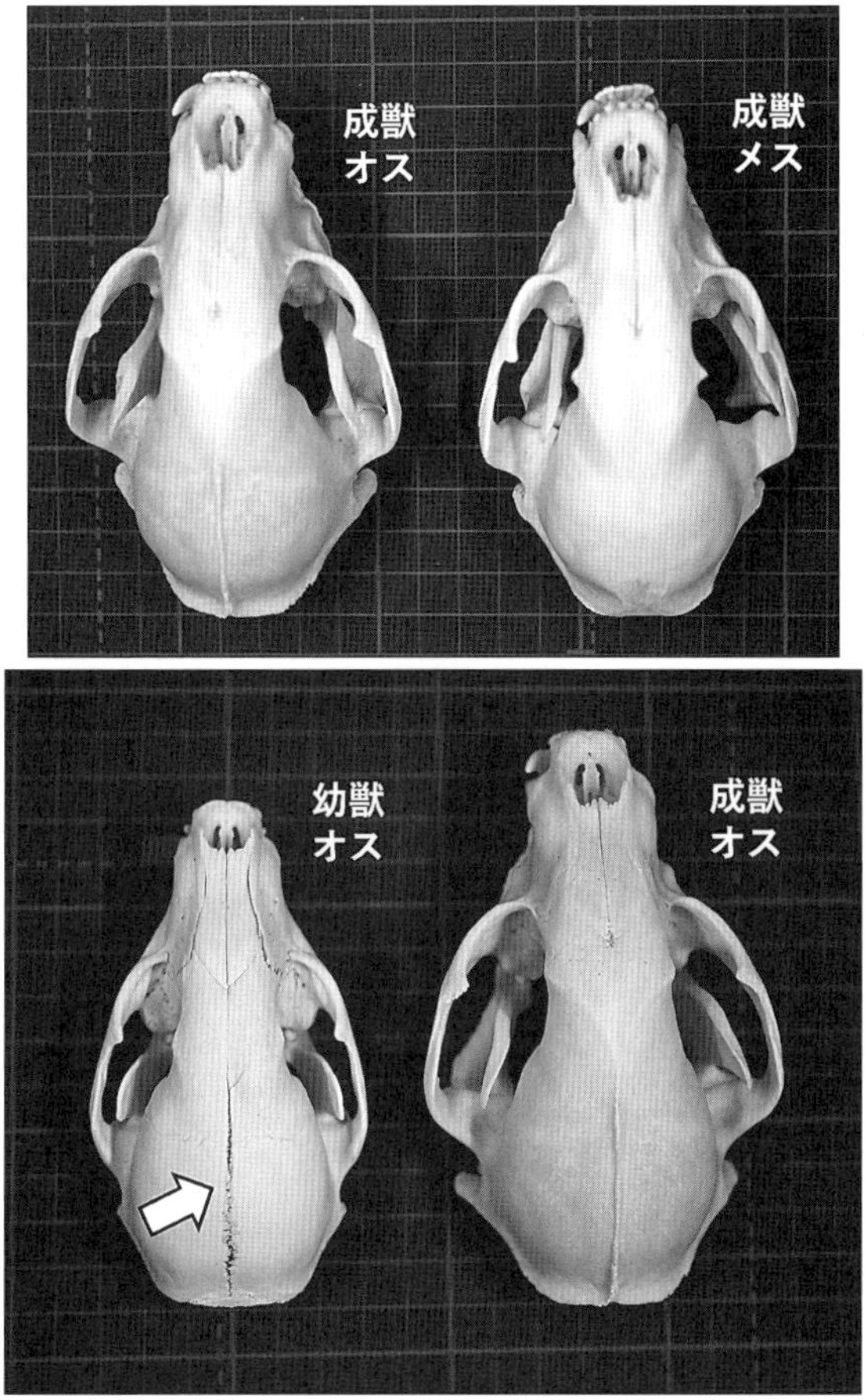

図 4-10　アライグマの頭蓋（背側観）
オスのほうがやや大きいが、成獣の雌雄を大きさのみで判別するのはむずかしい（上）。生後6カ月齢（幼獣）でも頭蓋の長さは成獣とあまり変わらないが、矢印で示した骨のつなぎ目である縫合線（矢状縫合）はまだ閉鎖してない（下）。マス目は1 cm を示す。（著者撮影）

カ月くらいまでなら、歯の生え換わりの確認によっても判別は可能だ。

さらにメスでは、乳頭の大きさや色、乳頭からの泌乳の有無を確認することで、出産した個体か未経産の個体かを推測することができる。オスでは、ふだんは包皮に隠れているペニスを、手で露出させることができれば成獣で、そうでなければ未成熟の個体だと判別できる。

5 アライグマの食性

アライグマの食性についいては第1章でも紹介している。北米のアライグマの生態に関する報告では、食性に関するものは非常に多い。これらの研究のほぼすべてで、アライグマは、餌としてさまざまなものを利用可能で、そのときに手に入るものを機会的に利用していることを示唆している（Yeager and Elder 1945; Stains 1956; Lotze and Anderson 1979; Greenwood 1981）（図4-11）。季節によって資源としての相対的な重要性は多少変化するが、ほとんどにおいて植物性の餌が大部分を占めている（Kaufmann 1982）。ミシガン州での研究では（Stuewer 1943）、全季節を通して堅果類が主要な餌であり、春を除くすべての季節で植物性の餌がもっとも一般的であった。ザリガニ、両生類、貝類などの水辺に関係する動物の利用は春に多く見られ、植物が比較的限られる晩冬と春には、動物性の餌の重要性が増す。一方、農業地帯では、堅果類に代わって穀物、とくにトウモロコシが重要な餌資源として利用されることがある（Gehrt 2003）。都市部では、アライグマはペットフード、鳥の餌（バードウォッチングなどのために庭に餌台を設置している家庭が多い）、人間が出したゴミなどの人為的な資源も利用する（Kaufman 1982）。

日本でも、野生化したアライグマがどのようなものを食べているのか調べた報告は多く、いくつかを紹介しよう。札幌市近郊にある野幌森林公園では、アライグマが捕食していた節足動物について報告さ

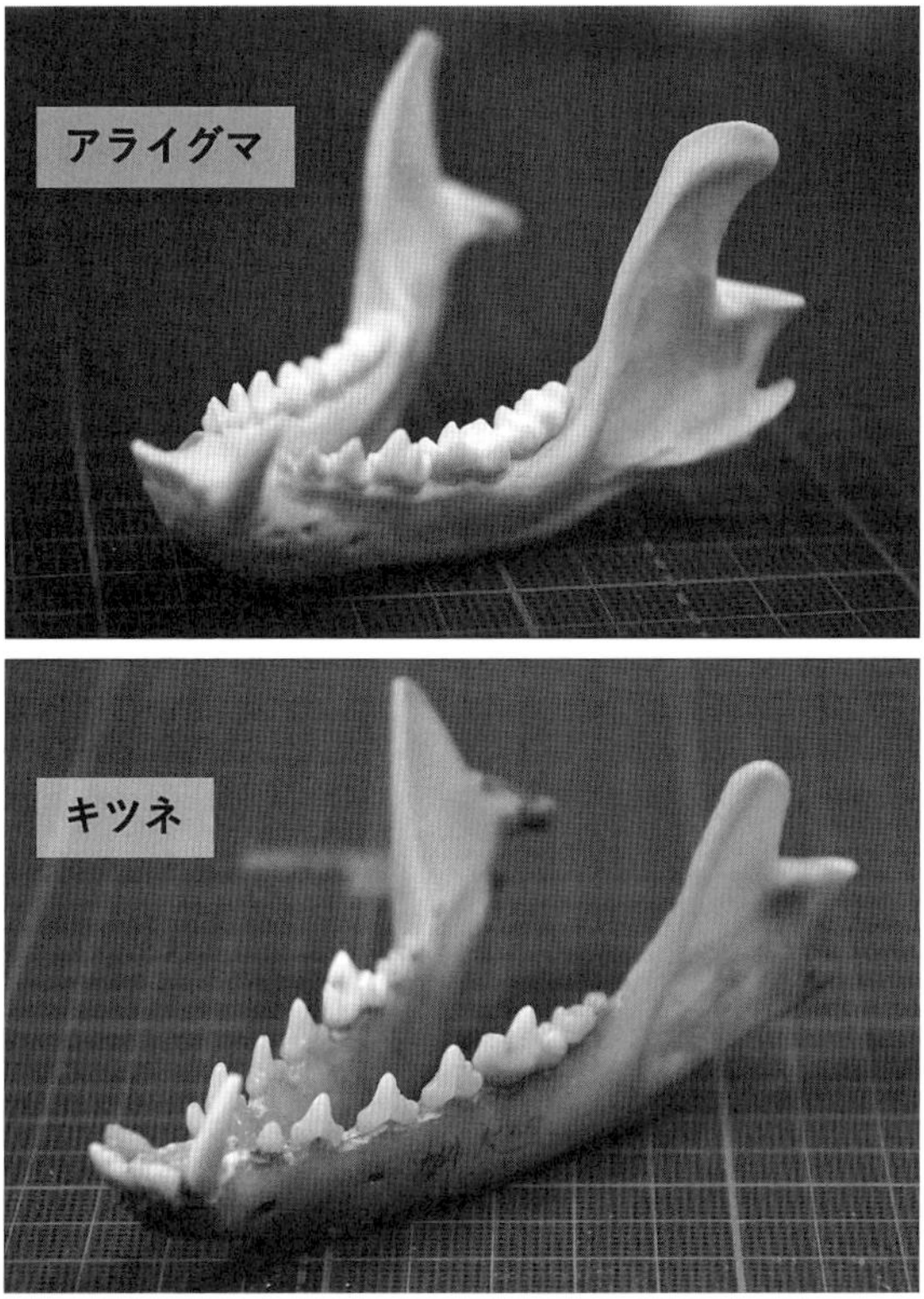

図 4-11　アライグマとキツネの下顎の臼歯の違い
どちらも雑食性ではあるが、臼歯の形に違いが見られる。より雑食性が強いアライグマでは食べものをすり潰しやすい平たい形で、より肉食性が強いキツネは肉を切り裂きやすい鋭利な形をしている。（著者撮影）

れている（堀・的場 二〇〇一）。野幌森林公園は、その八割近くが森林で、大都市近郊にありながら野鳥、昆虫、哺乳類も多く生息する。この公園では、一九九二年に初めてアライグマの足跡が確認され、一九九五年には森林全域で足跡が確認されるようになった（門崎 一九九六）。一九九九年四月から二〇〇〇年三月に野幌森林公園で捕獲されたアライグマ六八頭の消化管内容物を分析したところ、節足動物は六六パーセントから検出され、地表付近に生息する昆虫を中心に三〇種もの節足動物が確認された（第3章2節参照）。昆虫の中でも、比較的大型の種を選択的に食べており、積極的に特定の餌資源を狙っていることが推察された（堀・的場 二〇〇一）。また、一個体のみの分析ではあるが、東京都横沢入里山保全地域で捕獲されたメスのアライグマの消化管から、トウキョウサンショウウオの卵嚢（第3章5節参照）とサワガニ（*Geothelphusa dehaani*）が見つかっている（金田ら 二〇一二）。横浜市で捕獲されたアライグマ一一三個体の直腸内容物を分析した研究では、果実と種子が五〇パーセントから七五パーセント、哺乳類（体毛）が一〇パーセントから一五パーセント、植物の葉が五パーセントから二〇パーセント、昆虫が二パーセントから一〇パーセントを占めていた。分析したアライグマからは、水生動物と同定されたものは少なかった（高槻ら 二〇一四）。千葉県いすみ市では、アライグマ、ハクビシン、タヌキの三種合計二二一頭の食性を比較した報告がある（Matsuo and Ochiai 2009）。三種とも、液果・種子・両生類・節足動物を食べていたが、アライグマはほかの二種よりも多くの甲殻類を利用していた。季節や種間で重複の程度は異なるが、三種間で餌資源の重複が観察されている。

これらの複数の地域での食性分析の結果を見ても、北米同様に、日本でもアライグマは生息する場所や地域によって、植物性の餌資源を中心としながら、餌を臨機応変に変えているようだ。アライグマによる捕食の影響は、気がつきにくいうえに、気がついたときには壊滅的な被害になる可能性がある。とくに、カエルやサンショウウオなどの両生類、ウミガメや海鳥類など、限られた場所や期間に集中して繁殖をするような動物の場合は、親や卵が一気に捕食されてしまい、地域個体群に大きな影響をおよぼすリスクがある。第3章5節でも紹介したように、食性分析で検出されることがある両生類だけを見ても、日本に生息する在来の両生類の約八割は固有種である。とくに、希少種の産卵場所では、アライグマの足跡や食痕がないか注意深く観察し、捕食による影響をいち早く発見することが、希少種保全の観点からも重要となるだろう。

6　アライグマの病気

アライグマの原産地であるアメリカやカナダでは、アライグマ狂犬病が問題となっていることは第1章4節でも紹介した。日本は以前、アメリカから多数のアライグマを輸入していたが、幸いにもアライグマ狂犬病は日本では発生していない。また、二〇〇〇年にアライグマが狂犬病の検疫対象動物に追加されたり、二〇〇五年施行の外来生物法において特定外来生物に指定されたりして、輸入などの規制が厳しくなったこともあり、狂犬病汚染国から感染したアライグマが輸入されるリスクは、きわめて小さくなった。ここでは、狂犬病以外のいくつかのアライグマの病気について、報告が多い北米のデータも交えながら概況を紹介しよう。

まずは、アライグマの寄生虫から見てみよう。アライグマは、ほかの野生動物と同様に、ダニやノミなど体表面に寄生する外部寄生虫や、回虫など体内に寄生する内部寄生虫など、さまざまな寄生虫の宿主となる（Gehrt 2003）。北米では、アライグマの外部寄生虫としては、少なくとも一〇種のノミ、一種の吸血シラミ、六種のハジラミ、一四種のマダニやダニについて報告されている（Stains 1956）。これらの外部寄生虫のほとんどは、宿主のアライグマそのものに重篤な症状をもたらすことはまれである。注意すべきなのは、人獣共通感染症となる病原体（細菌、ウイルス、リケッチアなど）に感染したダニなどの外部寄生虫が、ヒトやペット、家畜に寄生して吸血する際に、それらの病原体を媒介することがあるということであろう。疾病に関する詳細な記載は専門書に譲るが、たとえば、重症熱性血小板減少症候群（SFTS: Severe Fever with Thrombocytopenia Syndrome）、日本紅斑熱、ライム病などは、日本でもヒトでの発症例が報告されている、ダニ媒介性の人獣共通感染症である。おもに西日本を中心に発症例が報告されているＳＦＴＳや日本紅斑熱は、患者発生地域で捕獲されたアライグマを含む野生動物から抗体が検出されている（前田 二〇一六、青山・尾之内 二〇一八）。いうまでもなく、外部寄生虫はアライグマに限らず、さまざまな種類の野生動物に寄生している。野生動物が生息する山林や草むらに入ったり、野生動物を取り扱ったりした際には、ダニに刺されていないかよく確認しておくべきだろう。とくに、マダニの活動期となる春から秋にかけては、注意が必要である。もし、ダニに刺されていても、無理に引きはがさずに医療機関で切除してもらうことをお勧めする。また、ダニに刺されて皮膚や体調に変化が感じられた場合も、早めに医療機関を受診するべきである。

アライグマの内部寄生虫としては、北米では少なくとも五六種が確認されている（Stains 1956; Johnson 1970）。これら内部寄生虫も、通常は、宿主のアライグマに重篤な症状をもたらすことはあまりな

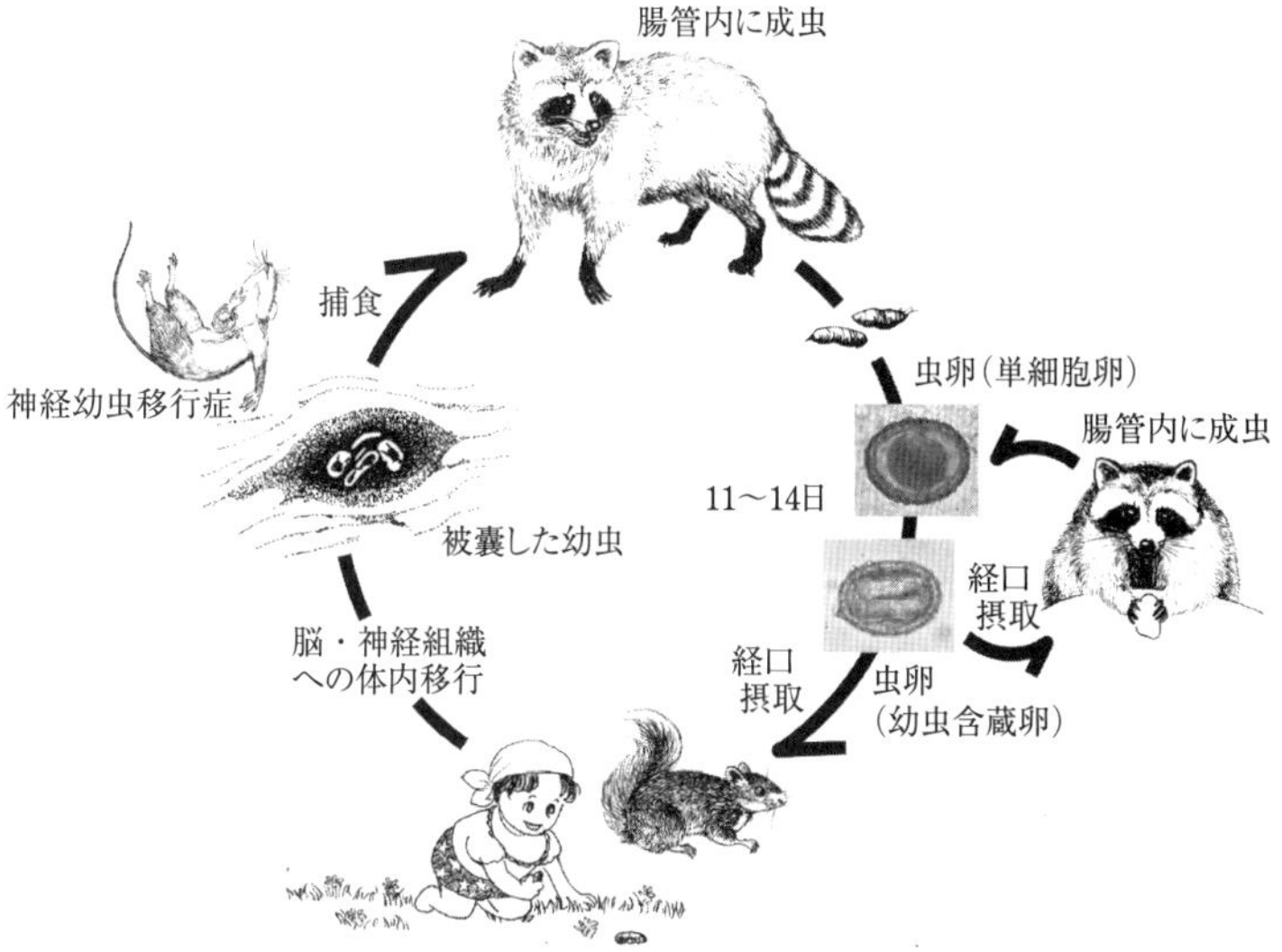

図 4–12　アライグマ回虫の生活史
アライグマの小腸に寄生した成虫が産んだ虫卵は、糞便とともに排出される。ヒトやネズミなどが、虫卵を誤って口から摂取すると、幼虫のまま体内を移動して病気を引き起こす。(川中ら 2002 より)

い。しかし、北米のアライグマにはよく観察されるアライグマ回虫（*Baylisascaris procyonis*）は、ヒトを含めてアライグマ以外の動物に感染すると、重篤な症状（幼虫移行症）をもたらすことがある内部寄生虫だ（Kazacos and Boyce 1989）。アライグマ回虫の成虫は、通常はアライグマの消化管内にだけ寄生する。つまり、アライグマ回虫の終宿主はアライグマだけである。しかし、糞とともに野外に排出されるアライグマ回虫卵を、ヒトやアライグマ以外の動物（中間宿主）が口から取り込んでしまうと、体内で孵化した幼虫が成虫にまで発育せずに脳や神経組織に入り込んで、神経症状などを引き起こす（図4-12）。アメリカでは、アライグマ回虫の幼虫移行症による重症脳障害患者が、少なくとも一二例確認され、そのうち一〇例は六歳以下の小児で、三名が死亡している（川中ら 二〇〇二）。日本では、幸いにもヒトへの感染事例は現在まで報告されていないが、動物飼育施設のウサギでアライグマ回虫による幼虫移行症の発生例がある。日本で飼育あるいは野外で捕獲されたアライグマ二九一個体の糞便を用いた、アライグマ回虫の感染状況の調査がある（宮下 一九九三）。その結果、動物園（約四〇パーセント、七一／一七八個体）、動物業者（約八パーセント、三／三七個体）、ペット（約八パーセント、三／三九個体）のアライグマで感染が確認されたが、野外で捕獲された三七個体からは感染は確認されなかった。アライグマが複数で飼育されることが多い動物園では、感染が維持されて陽性率も高くなったものと推察される。現在では、ほとんどの動物飼育施設で、寄生虫は定期的な駆虫により適切に管理されているため、日本の動物園での幼虫移行症は報告されていない。野外で捕獲されたアライグマについては、これまでにもさまざまな地域でアライグマ回虫感染状況の検査が行われてきたが、私の知る限り陽性例はない。先述の狂犬病と同様、原産地からアライグマ回虫に感染したアライグマが輸入されることがほとんどなくなった日本では、アライグマ回虫のヒトへの感染リスクは、原産地に比べてきわめて小さい。しかし、アライグマ回虫以外の病原体の感染を防ぐためにも、アライグマを取り扱う際には、手袋やマスクなどを装着するとともに、終わったらしっかりと手洗いをすることが肝要である。

次に、アライグマと関連の深い、そのほかの疾病をいくつか紹介しよう。イヌジステンパーは、北米では多くのアライグマ個体群で流行しているウイルス感染症である（Roscoe 1993; Mitchell *et al.* 1999）。イヌジステンパーウイルスは、ヒトには感染しないが、イヌをはじめとする多種の食肉目動物に感染し、北米のアライグマの主要な自然死亡要因の一つとなっている（Mech *et al.* 1968; Johnson 1970）。イヌを飼っている読者のみなさんであれば、何度か動物病院で愛犬への混合ワクチン接種を済ませているはずなので、ご存じの方も多いウイルスだろう。北米のアライグマにおける感染率は、地域や季節によって異なるが、流行すると一時的に個体数は減るものの、地域のアライグマが激減するほどの影響は報告されていない。一方、日本でもイヌだけではなく、野生動物においてイヌジステンパーの感染は確認されている。たとえば、兵庫や大阪で捕獲されたアライグマ一〇六個体中三二パーセント、和歌山で捕獲された一二六一個体中一〇パーセントで、過去にイヌジステンパーウイルスに感染したことを示す抗体が確認されている（Suzuki *et al.* 2015）。抗体が確認されたということは、イヌジステンパーウイルスに感染しても生き延びた、ということでもある。また、これら調査地域では、アライグマが激減してはいないこともあわせて考えると、日本でもこのウイルスが、アライグマ個体群に大きな影響をおよぼすには至っていないものと推察される。先に述べたように、イヌジステンパーウイルスは、アライグマ以外の野生動物にも感染するが、感染した場合の症状は個体や種によっても異なる。アライグマにとっては大きな死亡要因にはならなくとも、同じ地域に生息するタヌキなどのほかの食肉目動物との間で、ウイルス感染が維持されるというリスクがあることには、留意しておく必要があるだろう。

日本でもヒトでの発症例がある人獣共通感染症のレプトスピラ症は、病原性レプトスピラ菌を保菌している動物の尿、あるいは尿で汚染された水や土壌に触った際に、傷口などから経皮的に感染する。また、汚染された水や食物を飲食することによっても感染することがある（小泉 二〇〇三）。保菌動物には、齧歯類をはじめ多くの野生動物や家畜、イヌやネコなどのペットがあげられており、アライグマも含まれている。北海道の捕獲個体二五九頭を調査したところ、菌の病原性を判別する目安となる血清型は不明だが、約四パーセントからレプトスピラが分離され、約二五パーセントでレプトスピラ抗体が検出されている（吉識ら 二〇一二）。神奈川県での捕獲個体調査では、七一頭中二頭からレプトスピラが分離され、一二四頭の血液のうち一六検体（約一三パーセント）でレプトスピラ抗体が検出されている（Koizumi *et al.* 2009）。これらのデータから、アライグマがレプトスピラの保菌動物の一つとなっていることは示されてはいるが、いたずらにおそれる必要はないだろう。なぜなら、ヒトにおけるレプトスピラ感染例の多くは、アライグマではなく、感染ノネズミの尿や尿に汚染された水・土壌などを介して起こっているためである。ノネズミからのヒトへの感染が多いのは、ノネズミが高率でレプトスピラを保菌していること、人間の生活圏にも多く生息していること、が要因として大きい。野外で野生動物からのレプトスピラ感染を避けるためには、傷がある場合には肌を露出しないように心がけたい。

これまで、アライグマと関わりのある、人獣共通感染症を含むいくつかの病気を紹介した。アライグマに限らず、野生動物や家畜やペットが、なんらかの寄生虫、細菌、ウイルスなどの病原体を持っていることは、ごくごく自然なことである。もちろん、私たち人間も例外ではない。病原体の多くは目に見えないため、過剰な不安を抱きやすいものだ。しかし、野生動物を取り扱う際には、素手では触らない、終わったら手洗いをしっかり行うなど、あたりまえの簡単な感染症予防策を実施することで、多くの感染症を防ぐことができる。また逆に、ヒトや家畜やペットから、野生動物に感染症を広げるリスクがあることも忘れてはならない。不用意に感染症を広げないためにも、アライグマを含めた野生動物との「適切な距離感」を保ち、「適切な接し方」をすることが重要なのである。

第5章　野生化したアライグマの対策

1　国外外来種と国内外来種

外来種とは、「海外から日本に入ってきた生きもの」と考えている人は意外と多い。もちろん、その生物本来の移動能力によらず、国外から人為的に日本に持ち込まれたり、意図せず物資に混入して国外から侵入した生物は外来種である。しかし、少し専門的にいうと、そのような外来種は「国外外来種（国外外来生物）」とよばれる。たとえば、アライグマやヌートリア（*Myocastor coypus*）、フイリマングース（*Herpestes auropunctatus*）、そしてイエネコ（*Felis catus*）も、もともと日本には生息していなかった動物であり、国外外来種である。

一方、日本のある地域では在来種として生息している生物でも、その生物がもともと生息していなかった日本国内の別の地域に、持ち込まれたり侵入したりした生物も、外来種となる。このような外来種は、「国内外来種（国内外来生物）」とよばれる。たとえば、鹿児島県の屋久島や島根県の知夫里島に導入されたタヌキ、新潟県の佐渡島や北海道に導入されたホンドテン（*Martes melampus melampus*）などは、国内外来種の例である。

日本では、国内外来種と国外外来種を合わせると、四〇種ほどの外来哺乳類が定着している（池田二〇一一）。なかでも、分布拡大のスピードや分布域の広さからして、アライグマは、もっとも定着に成功した種の一つといえるだろう。日本でアライグマの野生化が確認されてから、すでに五〇年ほどが経過している。生息に関する情報は、ほぼすべての都道府県から得られており、各地で捕獲を中心とした対策がなされている。そこで、これまで日本で取り組まれてきたアライグマ対策とその課題について触れてみたい。

2　アライグマのおもな捕獲制度

野生化したアライグマが日本各地でさまざまな被害をもたらすようになり（第3章参照）、被害防止のための捕獲がされていることは、紹介したとおりである。日本では、たとえ被害を出している「害獣」であったとしても、野生鳥獣を自由に捕獲することはできない。それは、日本の野生鳥獣の保護や管理を定めた根幹となる法律である「野生鳥獣の保護及び管理並びに狩猟の適正化に関する法律（鳥獣保護管理法）」によって、狩猟以外での野生鳥獣の捕獲が原則として禁止されているからである。鳥獣保護管理法でいうところの鳥獣とは、野生の鳥類または哺乳類とされており、在来種であるか外来種で

表 5-1　アライグマのおもな捕獲制度

分類	狩猟	許可捕獲		防除
		有害鳥獣捕獲	学術研究捕獲	
目的		農林水産業・人の生活環境等への被害防止	学術研究・鳥獣保護等	特定外来生物による生態系等への被害防止
対象鳥獣	狩猟鳥獣（46 種*）	鳥獣および卵		特定外来生物（157 種類*）
主たる法律	鳥獣保護管理法			外来生物法
必要手続き	狩猟免許取得・狩猟者登録・狩猟税納付	許可の取得		防除の認定・確認
捕獲方法	法定猟法	法定猟法以外も可能（危険猟法等については制限あり）		
期間	狩猟期間（秋～冬の定められた期間）	許可された期間（通年可能）		認定・確認を受けた期間（通年可能）
区域	狩猟禁止の区域以外	許可された区域		認定・確認を受けた区域
主体	狩猟者	市町村等	許可申請者	認定・確認を受けた者
実施者	狩猟者	許可された者		防除従事者

*いずれも 2023 年 7 月末時点の数

あるか、という区分はされていない。日本に生息する約七〇〇種の野生鳥獣は、国民共有の財産であり、被害を出している外来鳥獣であっても、鳥獣保護管理法にもとづく免許や許可がないと、狩猟や捕獲はできないことになっているのである。

　野生化したアライグマの対策を紹介する前に、それらの対策における課題を理解するためにも、アライグマを捕獲する枠組みについて、簡単に整理しておこう（表5-1）。わが国でアライグマを捕獲するための枠組みとしては、大きく分類すると「狩猟」、「許可捕獲」、「防除」の三つがある。簡単に説明すると、「狩猟」は登録をした者が狩猟期間中にアライグマを捕獲する行為のことで、「許可捕獲」は申請者が行政からの許可を得てアライグマを捕獲することである。どちらもアライグマを「捕まえる」という行為ではあるが、手続きも期間なども含めて法的な位置づけはまったく異なるので、混同しないように注意したい。一方、「防除」は、「特定外来生物による生態系等に係る被害の防止に関する法律（外来生物法）」にもとづいて実施されるアライグマの捕獲である。これら三つの捕獲の枠組みについて、もう少しくわしく見ていこう。

最初に、鳥獣保護管理法にもとづいて実施される「狩猟」について概説しよう。狩猟は、狩猟免許を取得して狩猟者登録を行えば、定められた狩猟期間中に定められた猟具を用いることで、だれもが自由に狩猟区域で狩猟鳥獣を捕獲できる制度である。いいかえると、狩猟は「国民が一定の制約の下で野生鳥獣を捕獲することができる権利」、と考えることができる。現在、狩猟することができる鳥獣（狩猟鳥獣）は四六種（鳥類二六種、獣類二〇種）で、アライグマも一九九四年に狩猟獣に選定されている。狩猟期間は地域や種によって少し異なるものの、通常は秋から冬の間の一定の期間（本州では毎年一一月一五日から翌年二月一五日までが多い）に限定されている。狩猟ができる期間や区域、対象種が限定されている理由には、鳥獣保護（過剰な狩猟による乱獲の予防、鳥類の繁殖や渡りの時期などの考慮）や、安全確保（農林業作業の実施時期や山野での見通しのきく落葉期などを考慮）、への配慮からである。狩猟がさかんな欧米でも、基本的には日本と同様に、種、期間、区域および猟法に関するさまざまな制限の下で野生鳥獣が狩猟されている。日本では、狩猟によって捕獲された個体は狩猟者の所有物であり、毛皮や肉などを利用することができる。しかし、狩猟で得た獣類の毛皮や肉の利用状況は、狩猟獣類二〇種の中では、イノシシやシカの肉以外は限定的なのが現状だろう。日本で、狩猟で捕獲されたアライグマの毛皮や肉も、大々的に販売されたり利用された事例は、ほとんど聞いたことがない。ちょうど私が北海道で大学院生だったころは、道内のアライグマの狩猟数が増えてきていたのだが、札幌市のアウトドア用品専門店で売られていたアライグマの毛皮が、北海道産ではなくてアメリカ産だったことも思い出される。

次に、鳥獣保護管理法にもとづいて実施される、もう一つの捕獲制度である「許可捕獲」（申請者が行政からの許可を得て行う捕獲）について見ていこう。アライグマのおもな「許可捕獲」には、「学術研究捕獲（学術捕獲）」と「有害鳥獣捕獲」の二種類がある。学術捕獲とは、文字どおり、学術研究や鳥獣保護の目的で許可される捕獲である。日本では、調査や研究の目的であっても、許可を得てからでないと野生鳥獣の捕獲はできない。もちろん、アライグマもその例外ではない。日本のアライグマの生態などを調べるためには、野外の個体に発信器を装着してラジオテレメトリー調査をしたり、飼育下で観察したりしなければならない場合があり、どうしても野生個体の捕獲が必要になる。そのような場合には、学術捕獲の許可申請書に、生体を捕獲しなければならない目的、だれがどこでどんな方法で捕獲をするのか、必要な個体数は何頭か、捕獲した個体をどのように取り扱うかなどの詳細を記載し、捕獲を実施する都道府県の管轄部署に申請をして、許可を得ておく必要がある。私も、生体捕獲が必要な調査や研究のため、これまでに何度も学術捕獲の申請をしてアライグマを捕獲してきた（図5-1）。捕獲を許可された期間（最長で一年間）が終了したら、捕獲許可証を返納して捕獲報告をすることが義務づけられている。余談だが、大学などの研究機関で、研究者が動物実験を行うためには、所属機関の動物

図 5-1　アライグマに電波発信器を装着している様子
アライグマの行動を調べるために麻酔をかけて発信器を装着した。（札幌市にて著者撮影）

実験審査委員会などに動物実験計画を事前に提出し、倫理的な問題がないか、使用する動物の数や処置の内容が適切であるか、などの審査も受けて許可を得ておく必要がある。近年では、野生動物やその材料を用いた調査研究においても、動物福祉への配慮が求められている。動物福祉に関するガイドラインが古くから整備されている実験動物分野だけではなく、野生動物分野においても、動物実験審査委員会などによる許可を得た研究であることを、論文の中に明記するよう定めている学術雑誌が増えてきている。

もう一つの「許可捕獲」である「有害鳥獣捕獲」は、農林水産業や人間の生活環境などへの野生鳥獣による被害防止を目的とした場合に、許可される制度である。捕獲をしようとする鳥獣種とその数、捕獲をする地域や期間などを記載して申請し、必要と認められれば許可が得られる仕組みになっている。現在、有害鳥獣捕獲の許可権限の多くは、市町村長に委譲されている。アライグマの有害鳥獣捕獲許可も、ほとんどの地域で市町村長に委譲、つまり、市町村単位で行われている。有害鳥獣捕獲は、防護柵や追い払いなどの捕獲以外の方法では被害を防止できないときに限り、原則として禁止されている野生鳥獣の捕獲を例外的に許可を受けて実施することができる、という制度である。すなわち、被害を与える加害個体を、野外から取り除くことが重要になるので、加害種が特定されていることが前提となる。アライグマは夜行性のために姿を見る機会は多くないが、特徴的な食痕や足跡（図5-2）などによって、被害を出しているのがアライグマなのかそれ以外の動物であるかは、比較的容易に判別できる。アライグマによる被害であることが確認され、電気柵などで畑に入ってこないような対策をとっているのに被害が抑えきれな

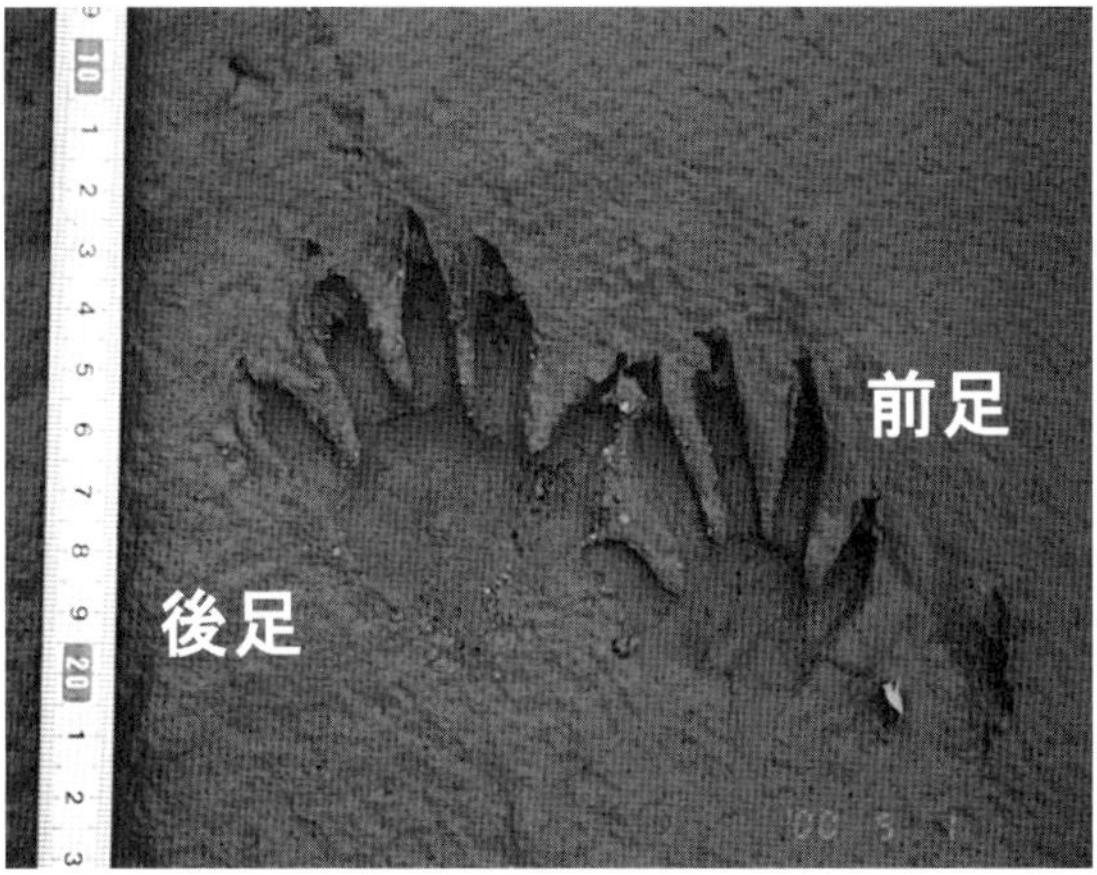

図 5-2　アライグマの足跡
前後の足跡が並んで残るのはアライグマの特徴の１つである。前後とも５本の指と爪の跡がよくわかる。（札幌市にて 2000 年著者撮影）

い場合に、アライグマの有害鳥獣捕獲の許可が下りる。

アライグマの捕獲制度として最後に紹介するのは、「防除」である。聞き慣れない言葉であるが、防除とは、二〇〇五年に施行された外来生物法にもとづいて実施される、「特定外来生物」の捕獲・採取を意味する法律用語である。外来生物法では、「生態系や人の生命・身体、農林水産業へ被害を及ぼしている、あるいは及ぼすおそれのある外来生物」の中から、特定外来生物を指定している。特定外来生物による被害が生じている場合、または生じるおそれがあって必要と判断された場合は、鳥獣保護管理法にもとづく捕獲許可を受けなくても特定外来生物の捕獲ができる、という制度である。外来生物法ができるまでは、アライグマの捕獲は原則的に、鳥獣保護管理法の下での狩猟と有害鳥獣捕獲以外にはできなかったが、アライグマが特定外来生物に指定された二〇〇五年以降は、防除を行うための許可、すなわち「防除の確認・認定」を受けることで、外来生物法の下でも広く捕獲ができるようになった。防除の確認・認定は、個人でもNGO団体でも、市町村（長）や都道府県（知事）でも受けることができる。つまり、アライグマでは、それぞれの許可を得ておけば、被害を防止する目的で、鳥獣保護管理法による有害鳥獣捕獲と外来生物法による防除の二つの許可捕獲が、同じ地域内でも可能という状況になった。この状況は、後で解説するアライグマ対策の課題にも関わるので、ぜひ覚えておいてもらいたい。なお、環境省が公表している情報によれば、アライグマはもっとも防除の確認・認定の数が多い特定外来生物で、全国で四六〇以上（二〇二三年三月三一日時点）となっている。

さて、ここまで、三つに大きく分けられるアライグマ捕獲制度の概要を紹介してきた。アライグマ対策の課題を理解するため、鳥獣保護管理法と外来生物法が制定された背景や目的などについて、次節でもう少しくわしく説明しよう。

3　鳥獣保護管理法の成り立ち

日本の野生鳥獣の保護管理行政を進めるうえで、もっとも基盤となる鳥獣保護管理法について、まずはその成り立ちに触れておきたい。近代の日本の野生鳥獣の保護や狩猟に関する法制度の整備は、明治時代にさかのぼる。「日本人は農耕民族だし、動物の殺生も嫌っていたので、江戸時代の庶民は野生動物の狩猟はしていなかった」、と思っている人たちは意外と多いのではないだろうか。じつは、シカやイノシシによる稲などの農作物への被害を防止するため、村々には古くから多くの火縄銃が普及しており、被害対策としての農民による獣類捕獲は、さかんに行われていたことがわかっている（藤木 二〇〇五）。厳しい年貢を納めながら農民が生きていくためには、害獣から農作物を守ることは、文字どおり死活問題であったに違いない。当時の農民にとっての火縄銃は、武器というよりは、生きていくために必要な農作物を害獣から守ってくれる貴重な農具、としての意味が大きかったとされている（藤木 二〇〇五）。

江戸末期から明治時代初期にかけては、狩猟や獣害対策としての捕獲がさらに進み、時代遷移の混乱期でもあったことから、野生動物の無秩序な乱獲が各地で発生した。このような状況を危惧した明治政府は、一八九五年に「狩猟法」を制定し、鳥獣保護のために狩猟に関する規制を行った。狩猟法は、その後にたびたび改正され、鳥獣保護の要素を強めながら鳥獣保護法へ引き継がれていった。つまり、

「狩猟や捕獲を規制して野生鳥獣を保護すること」がこの法律の原点となっていて、日本ではその後もその方向性が整備・強化されてきたといえる。しかし、近年になると、保護政策の成功や狩猟活動の減退などのさまざまな要因が関係し、シカ、イノシシ、サルなどの一部の野生鳥獣では、個体数が増加したり生息域がどんどんと拡大するようになった。その結果、農林水産業、生態系、そして人間の生活環境への被害が深刻化し、これまでのような鳥獣保護政策だけでは対応しがたい状況が、各地で問題になっていったのである。このような状況の変化を受け、二〇一四年に鳥獣保護法が改正されて「鳥獣保護管理法」が成立した。この改正によって、鳥獣保護というこれまでの考え方に加え、「増えすぎたり生息域が広がりすぎた動物に対しては、個体数や生息域を適正な水準にまで減少・縮小すること」を意味する、「管理」という側面が明確に位置づけられた。このように、種や状況に応じて保護と管理の両輪での野生鳥獣の保護管理政策を行うことが、法的に整備されたのである。

4　外来生物法ができるまで

わが国は、開国から二〇〇年も経っていないにもかかわらず、貿易のグローバル化や移動手段の発達によって、海外から多種多様な生物が、さまざまな目的で日常的に入ってくることになった。明治以降だけでも、二〇〇〇種類を超える動植物が海外から日本に導入されたといわれており（日本生態学会編二〇〇二）、日本に定着（継続的に繁殖可能な子孫が残される状態）してしまった外来種によるさまざまな被害が確認されている。わが国では、二〇〇五年までは生きた外来生物の輸入に関して規制や検疫などが行える法律は、「狂犬病予防法」、「感染症予防法」、「家畜伝染病予防法」、「植物防疫法」などしか整備されていなかった。狂犬病予防法と感染症予防法は、ヒトに狂犬病などの感染症を感染させるおそれが高い動物（指定動物）の輸入の規制や検疫を定めた法律で、家畜伝染病予防法は、家畜の伝染性疾患の発生を予防するため、病原体を保有しているリスクに応じて感受性動物などの輸入の規制や検疫を行うものである。植物防疫法も同様に、農業と緑を守るために、植物と病害虫の輸入に対して規制や検疫を行っている。いずれも、ヒトや家畜、植物の感染症を予防することを想定してつくられたものであって、外来生物による多様な被害を予防することを想定した法律ではない。つまり、国際取引が制限されている希少な野生生物を除けば、開国以降は日本には生きた生物を輸入することに関してほとんど制限がなかった状況が続いてきた、といってよいだろう。このような状況をふまえ、外来生物に特化した規制や防除に関する初めての法律となる外来生物法が、二〇〇五年六月（二〇〇六年六月施行）にようやく公布されたのである。

この本の読者には、外来生物法という法律があることを、すでに知っておられる方は多いだろう。しかし、アライグマ対策の課題を考えるうえで、この法律はとても重要なので、あらためて紹介しておきたい。法律用語の説明もあるので少し複雑にはなるが、お許しいただきたい。先にも少し触れたが、外来生物法では、外来生物のうち、生態系、人の生命・身体、農林水産業に被害をおよぼすもの、またはおよぼすおそれのあるものを、「特定外来生物」として指定し、その飼養、栽培、保管、運搬、輸入、野外への放出といった取り扱いを規制し、特定外来生物の防除などを行う、とされている（図5-3）。つまり、「問題がある外来生物」を特定外来生物に指定して規制や駆除（防除）を行います、というス

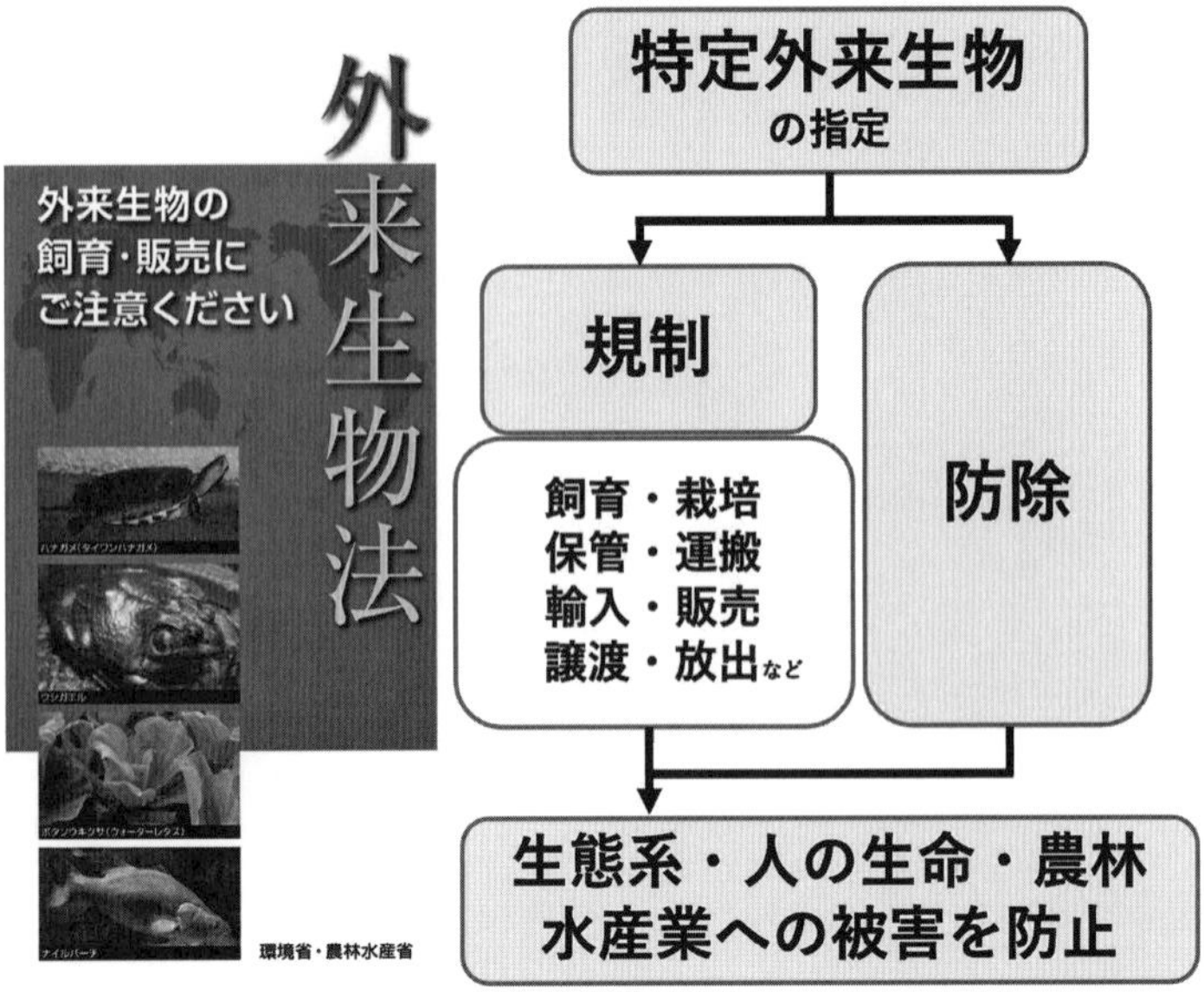

図 5-3　外来生物法の概要
環境省外来生物対策室が制作した外来生物法のリーフレット（一般）（2021年３月）を参照して作成した。

タンスになっている。アライグマは、この法律が制定されたときに、最初に指定（第一次指定）された特定外来生物で、同時にヌートリア、クリハラリス（*Callosciurus erythraeus*）、ジャワマングース（*Herpestes javanicus*）（二〇一三年にフイリマングースとして再指定）など、三七種類の生物が第一次指定特定外来生物となった。それだけ、アライグマを含むこれら三七種については、規制の緊急性が高かったということだろう。その後も、指定される特定外来生物は増加し、これまでに一五七種類となっている（二〇二三年七月現在）。直近では、二〇二三年の六月に、アメリカザリガニとアカミミガメが、本法の改正によって新たに設けられた「条件付特定外来生物」に指定さ

図 5-4　特定外来生物で規制される事項
（外来生物法に関する環境省のウェブサイトより引用）

れたことが、メディアでも大きく報道された。「条件付特定外来生物」も、法律上は特定外来生物であるが、当分の間だけ規制の一部を特別に適用除外します、という位置づけだ。外来生物法では、特定外来生物以外にも、生態系などへ被害をおよぼすおそれがある疑いのあるものを、未判定外来生物に指定し、事前に届出をして被害のおそれがないと判定されなければ、輸入が許可されない仕組みもある（コラム3）。

このように、特定外来生物には、飼育、輸入、移動、野外への放出などが原則禁止となるなど厳しい規制がかけられるため（図5-4）、「多くの外来種問題が解消されるのではないか」、と思えてしまうが、現実には課題も多い。外来生物法でいう外来生物は、海外起源のもの（国外外来生物）だけであり、概ね明治元年以降に日本に導入された生物を対象としている。基本的には、特定外来生物も未判定外来生物も、これらの条件を満たした外来生物からしか指定されていないのだ。そのため、①明治以前に導入されて生態系等に深刻な被害を与えている海外起源の外来生物（ノネコやノヤギなど）、②生態系等に被害を与えていたりそのリスクがある国内起源の外来生物（屋久島のタヌキや北海道のホンドテンなど）、③未判定外来生物に指定されていないが生態系等に被害をおよぼすかわからない多くの外来生物、に対しては、外来生物法では規制も対応もできない。つまり、このような外来生物については、（外来生物法以外の法律や条例などに違反しない限りは）飼育、輸入、移動、野外への放出に対して法的な規制は受けないのである。外来生物法が、外来種問題の解消には必ずしも万能ではないことがわかるだろう。

鳥獣のみを対象とする鳥獣保護管理法とは異なり、外来生物法では植物、軟体動物、甲殻類、昆虫、魚類から哺乳類など、あらゆる生物分類群を考慮しなければならない。また、鳥獣保護管理法は、おもに捕獲の規制や許可によって鳥獣の保護管理を進める法律であるが、外来生物による被害防止では、捕獲（防除）だけではなく、輸入、移動、野外放出などの制限も、不可欠で重要な手段である。これらを考えれば、鳥獣保護法（当時）をはじめとする野生動物の保護や管理に関する既存の法律の改正などでは、外来種問題に対応するのは不可能だったことは明らかである。近年になって、問題が認識されて新たに対応が迫られることになった外来生物に対し、既存の野生動物関連の法律に矛盾することなく、外来生物法を制定することはたいへんだったことだろう。課題はあるものの、外来生物法の制定は、わが国における外来生物による被害防止に向けた大きな一歩になったことはまちがいない。

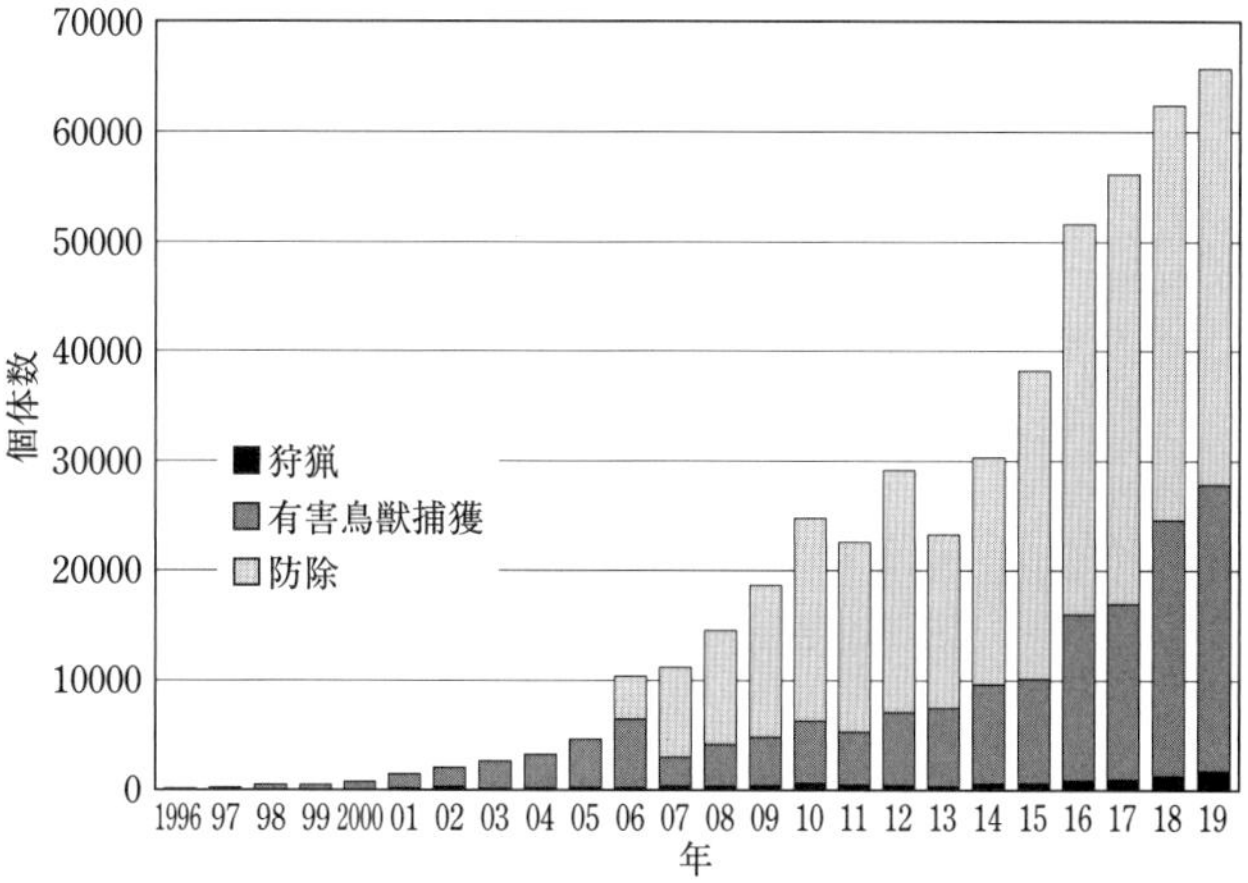

図 5-5　全国のアライグマ捕獲数の推移（1996 年度から 2019 年度）
環境省が公表している「鳥獣関係統計」を参照して著者が作成した。

5　日本におけるアライグマの捕獲状況

これまで、アライグマのおもな捕獲制度には、狩猟、有害鳥獣捕獲、防除の三つがあること、そしてそれらを定めている鳥獣保護管理法と外来生物法について紹介した。では、これらの制度のもとで毎年どれくらいのアライグマが、全国で捕獲されているかご存じだろうか。

図5-5は、一九九六年度から二〇一九年度までの、全国のアライグマ捕獲数の推移を示している。環境省が公表している「鳥獣関係統計」から、「狩猟」、「有害鳥獣捕獲（都道府県知事許可による被害防止のための捕獲）」、「防除（外来生物法にもとづく特定外来生物の捕獲）」の各データを抽出してまとめたものだ。

一九九七年に日本で初めてとなるアライグマの有害鳥獣捕獲が北海道ではじまったが、その後は実施する自治体も増えて捕獲数は伸び続け、近年ではおよそ二万

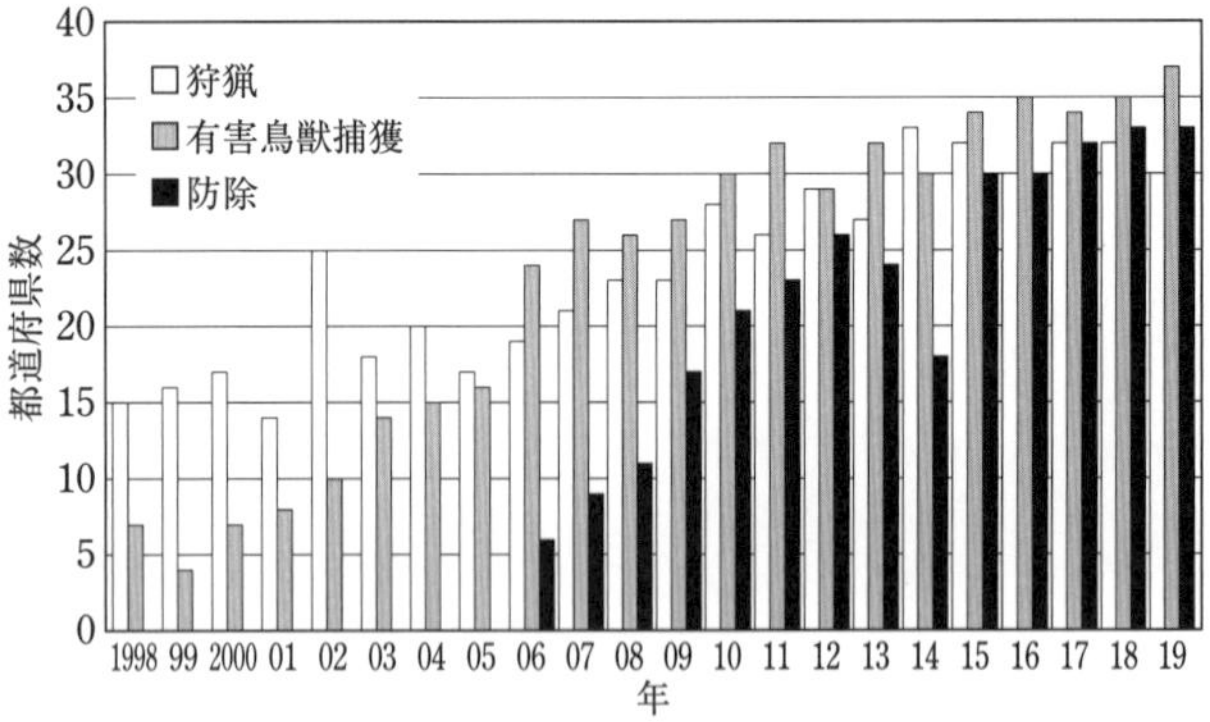

図 5-6　狩猟・有害鳥獣捕獲・防除の実績があった都道府県数の推移
環境省が公表している「鳥獣関係統計」を参照して著者が作成した。

五〇〇〇頭が毎年有害鳥獣捕獲されている。一方、外来生物法が施行された二〇〇六年以降は、有害鳥獣捕獲数よりも防除の割合が多くなり、近年では有害鳥獣捕獲のおよそ一・五倍のアライグマが、防除で捕獲されている状況である。もう一つの捕獲制度である狩猟は、捕獲数自体が非常に少なく、やや増加傾向にはあるものの、二〇一九年度の実績は約一八〇〇頭にすぎない。アライグマは、原産地の北米では毛皮や肉の利用目的や娯楽やスポーツハンティングとして非常に人気のある狩猟対象だ。クーンハウンド（Coonhound）とよばれるアライグマの狩猟のために開発・訓練された猟犬がいるほどである。しかし、日本では、夜行性のアライグマを銃で狩猟することは法的にできないうえに（夜間銃猟の禁止）、毛皮や肉の利用はほとんどなく、狩猟獣としての価値や魅力が低いことなどが、おそらく狩猟数が少ない要因となっているのだろう。

　次に、捕獲の実績がある都道府県の内訳を見てみよう。図5-6は、環境省の「鳥獣関係統計」において、狩猟、有害鳥獣捕獲、防除の報告があった都道府県数の推移（一九九八年度から二〇一九年度）である。一九九四年にアライグマが狩猟獣に指定されてから、全国四七都道府県の過半数で狩猟や有害鳥獣捕獲が実施されるまでには、一五年ほど経過していることがわかる。一方、外来生物法による防除は、実質的な二〇〇六年度開始からわずか七年目（二〇一二年度）には、過半数の二六都道府県で実績があった。これまで、おもに有害鳥獣捕獲だけでしか被害防止目的での捕獲ができなかった状況が、外来生物法の施行によって、防除という新たな捕獲制度が行えるようになったことは、アライグマ対策のうえで大きな一歩となったことが見てとれる。近年では、三〇を超える都道府県で、狩猟、有害鳥獣捕獲、防除での捕獲実績が毎年報告されている状況である。

捕獲数は、その地域における捕獲努力や捕獲体制の整備状況などに大きく影響を受ける。そのため、捕獲数は、アライグマの生息数をそのまま反映するものではない。しかし、分布状況を推測する一つの参考データになるので、地域別の捕獲状況にも目を向けてみることにしよう。図5-7は、全国八地域別のアライグマの捕獲数（狩猟・有害鳥獣捕獲・防除の合計）の推移である。捕獲が突出して多い地域は関東、北海道、関西で、近年では一万頭から二万五〇〇〇頭が毎年捕獲されている。次に多いのは九州・沖縄で、五〇〇〇頭以上が捕獲されている。それ以外の地域では、東北、中部、中国では一〇〇〇頭から二〇〇〇頭で、四国では五〇〇頭以下の捕獲報告となっている。このように、地域間で捕獲数には大きな違いがあるが、ほぼすべての地域で捕獲数が増加傾向にあることがわかる。

図5-8は、二〇一九年度までの都道府県別のアライグマの累積捕獲数を、レベル別に色分けして示した地図である。黒で示してあるのは二〇一九年度までに三万頭以上の捕獲が報告されている都道府県で、五つの自治体が含まれる。なかでも、これまでにもっとも多くアライグマが捕獲されたのは北海道

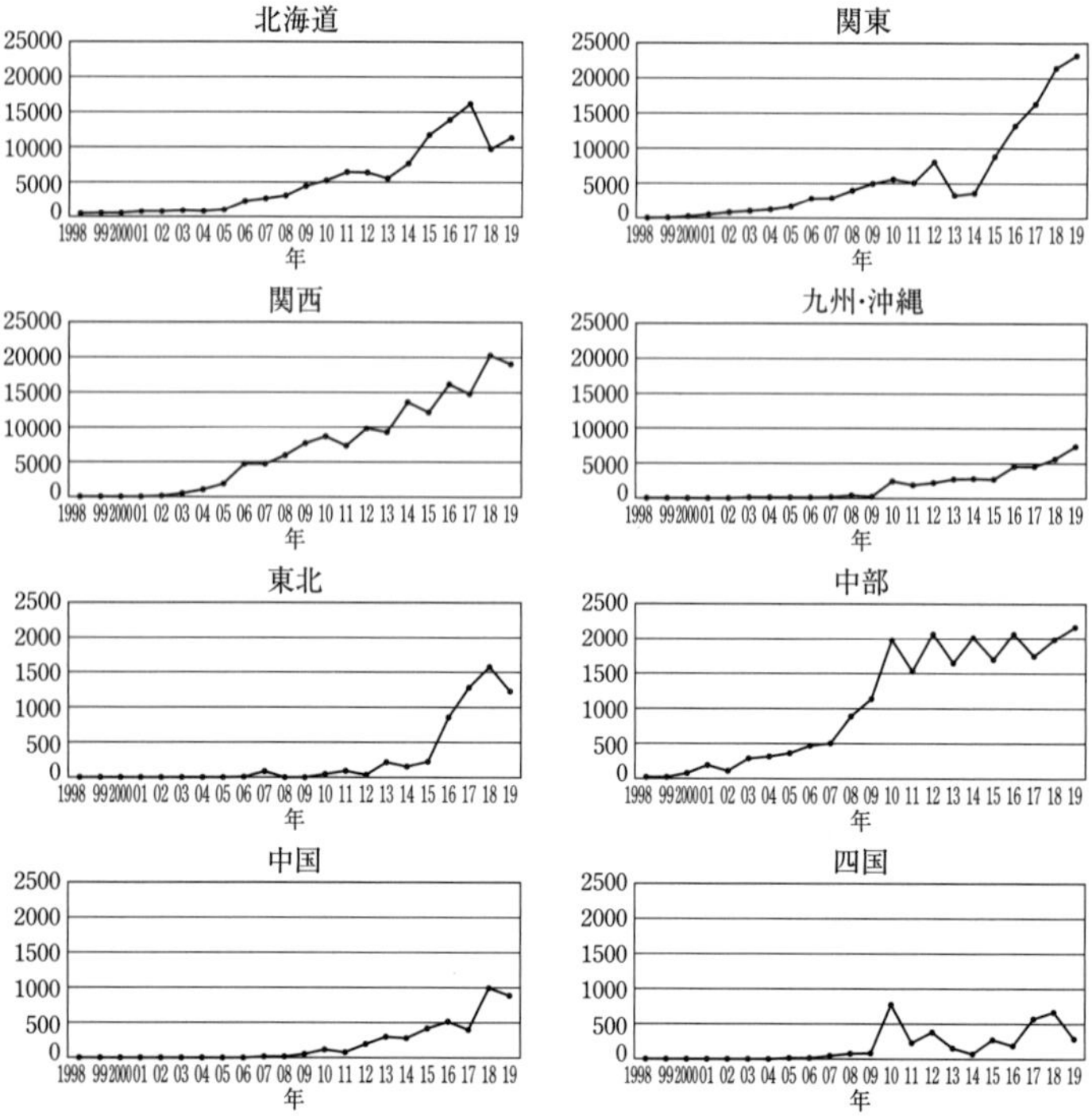

図 5–7　地域別のアライグマ捕獲数の推移（1998 年度から 2019 年度）
環境省が公表している「鳥獣関係統計」を参照して著者が作成した。地域間で縦軸（捕獲数）の目盛が異なることに注意。なお、北海道を除く各地域の内訳は以下のとおり。東北：青森・岩手・宮城・秋田・山形・福島、関東：茨城・栃木・群馬・埼玉・千葉・東京・神奈川、中部：新潟・富山・石川・福井・長野・岐阜・静岡・愛知、関西：三重・滋賀・京都・大阪・兵庫・奈良・和歌山、中国：鳥取・徳島・岡山・広島・山口、四国：徳島・香川・愛媛・高知、九州・沖縄：福岡・佐賀・長崎・熊本・大分・宮崎・鹿児島・沖縄。

の約一一万二〇〇〇頭で、次に多かった約六万頭の兵庫県のほぼ二倍となっている。次いで、千葉県（約五万頭）、埼玉県（約四万頭）、和歌山県（約三万二〇〇〇頭）の順となっている。次いで、濃い灰色は一万頭以上の捕獲があった自治体を示していて、神奈川県、京都府、大阪府、奈良県、佐賀県、長崎県の六府県となっている。地図を見ると、北海道と関東、近畿、東海、九州北部の大都市圏で、捕獲が多いことがよくわかる。

逆に、沖縄県ではこれまで捕獲報告がなく、秋田県、愛媛県、岩手県、山形県でも一〇頭以下しか捕獲報告がない。これら以外に、一〇〇頭以下の累積捕獲となっているのは、新潟県、富山県、岡山県、徳島県、高知県、熊本県、宮崎県、鹿児島県で、一〇〇頭以下の自治体は合わせて一三県となっている。これら一三県の状況を見ると、沖縄では定着はしていないであろうことがうかがえるし、四国では定着はしているものの生息数がほ

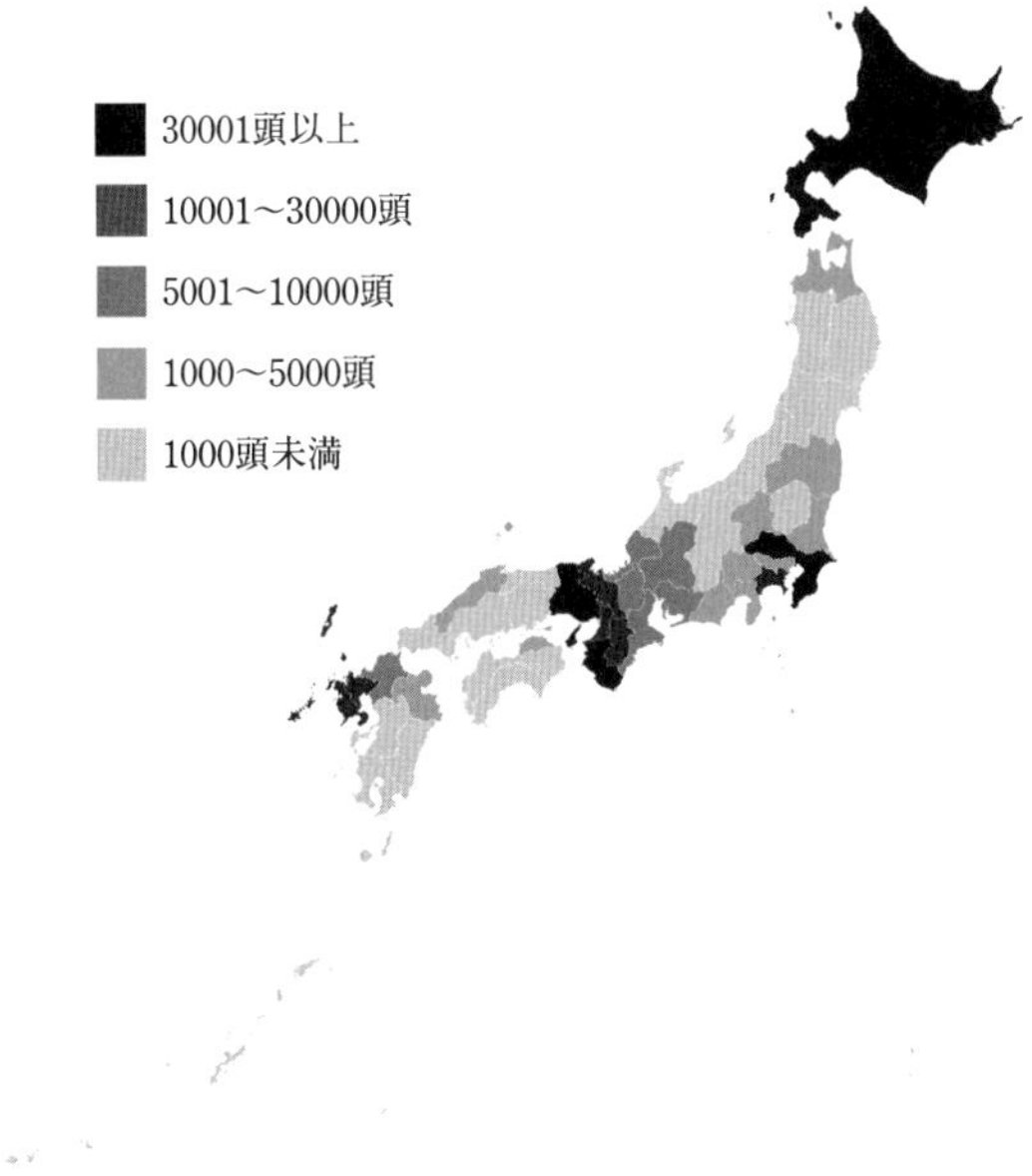

図 5-8　2019 年度までの都道府県別の累積捕獲数

かに比べて少ないことが想像される。

コラム3　特定外来生物の指定

「特定外来生物」に指定されると、輸入や飼育、譲渡や販売、野外へ放すことなど原則禁止となるなど、非常に厳しい規制がされる。また、特定外来生物とは別に、生態系、人の生命・身体、農林水産業へ被害をおよぼす疑いがある、あるいは実態がよくわかっていない海外起源の外来生物から指定される「未判定外来生物」においても、輸入する場合は事前に主務大臣に対して届け出る必要がある。

生態系への被害は大きいものの、すでにペットなどで多数が飼育され流通もしているような外来生物が、特定外来生物に指定されると、どういうことが起こるだろうか。それまで飼育、移動、販売、譲渡などが自由にできたのに、指定後の厳しい規制を嫌って、飼育や販売している個体を野外に放してしまう事例が増えることは、容易に想像できるだろう。これでは、特定外来生物に指定したことが、かえって生態系保全にとって逆効果になってしまう。また、輸入規制をかけるということは、日本だけではなく、輸出国にも少なからず経済的影響を与えることになる。このような複雑な問題もあって、これまでアカミミガメとアメリカザリガニは、生態系への被害が認められながらも、特定外来生物には指定されていなかったのだろう。二〇二三年四月の改正外来生物法の施行により、当分の間は一部の規制を適用除外とする「条件付特定外来生物」という制度が設けられ、これら二種が初めて指定された。今後も、国内外来生物も含めた外来生物問題の解消につながる外来生物法の見直しに期待したい。

6　アライグマ対策の現状と課題

これまで紹介したように、日本では、アライグマによる被害を防ぐための手段として、一九九四年の狩猟獣の指定にはじまるアライグマの捕獲制度が整備されてきた。アライグマが引き起こす問題として、最初に注目されたのは、野菜や果樹などへの農業被害であった。農業などの一次産業に対する経済的被害を食い止める手段として、電気柵などの侵入防止策の導入とともに、一九九七年に初めて北海道で有害鳥獣捕獲が開始されて以降、全国各地で捕獲が行われるようになった。有害鳥獣捕獲は、被害が発生した場合にのみ申請が行われて許可されるものであって、被害がなくなったり被害が許容範囲以下になったりすれば、当然行われない。つまり、アライグマによる被害が発生し、有害鳥獣捕獲が行われた結果として一時的に農業被害が減ると、捕獲の申請がなくなって捕獲は行われなくなり、しばらくして再び個体数が増えて農地での被害が発生し、有害鳥獣捕獲が再開される、というイタチごっこが続くことになる。電気柵などの侵入防止策も、囲った農地にアライグマが入ってこなくなるだけで、アライグマの個体数を減らす効果はない。それに、ほとんどの有害鳥獣捕獲では、農地にしかわなを掛けないので、森林などに生息していて農地には出てこないアライグマが捕獲されることはない。また、農業被害防止目的の有害鳥獣捕獲は、野菜や果樹などの収穫時期である夏を中心に行われることが多いが、アライグマの生活史から見ると、この時期だとすでに出産が終わっていて、幼獣は離乳してしまっている（第4章3節参照）。夏になって農地に出てくる、警戒心が低い子どもを捕獲できたとしても、翌年には母親はまた平均四頭の子どもを出産するので、個体数自体がなかなか減りにくい。つまり、電気柵などの侵入防止対策や有害鳥獣捕獲は、アライグマを地域から取り除く、という目標にはつながりにくいのである。被害を出す在来種の個体群管理においては、個体群の存続を維持しながら、農林水産業への被害防止を目的とした有害鳥獣捕獲制度は理にかなっているだろうが、生態系被害が問題となっている外来生物対策としては、根本的な解決にはならないのである。日本では、外来生物法による防除が実際に開始される二〇〇七年までの一〇年間、実質的なアライグマの個体数低減策を有害鳥獣捕獲に頼るしかない状況であった。この間に、各地でアライグマは分布を広げ、個体数が増加し続けることになってしまったのである。

定着してしまった外来種の対策は、究極的には野外からの排除か、それができない場合には、被害や影響が許容されるレベルでの低密度管理が理想である。この点をふまえて、日本のアライグマ捕獲制度を考えると、おもに農林水産業などへの被害防止を目的とする有害鳥獣捕獲と、生態系被害の防止を目的とする外来生物対策としての防除とでは、当然ながら異なる目標や戦略が必要となる。外来生物法が施行されてから、多くの都道府県で、専門家や関係者をメンバーとする検討委員会などが設置され、アライグマの防除実施計画の立案、実施されたアライグマ対策事業の評価や見直し、などが行われている。私も、いくつかの自治体の委員を受嘱した経験があるが、外来生物法が施行されてまもなくは、多くの自治体のアライグマ防除実施計画の目標が、地域からの根絶であった。しかし、残念ながら、根絶を達成できた市町村はこれまでなく、近年では、有害鳥獣捕獲と防除とが並行して行われ、個体数削減戦略の差別化が曖昧な自治体が多いのが現状である。その理由としては、行政担当者や捕獲従事者でも有害鳥獣捕獲と防除との目的の違いを明確に認識できていない場合があること、分布が広がってしまい根絶の達成がきわめて困難なこと、捕獲すること自体が目的化してしまっている地域があること、などさまざまである。しかし、もっと根本的には、外来生物としてのアライグマ対策を行うために必要な予算、個体数や生息域などのデータ、専門家や捕獲従事者などのマンパワー、などが不足していて、科学的な管理につながらない状況にあることだろう。

繁殖力が高いアライグマは、生息数が増えて分布が広がってしまうと、農業被害対策も外来生物としての対策も、むずかしくなってしまう。アライグマには、日本の環境であれば、どの市町村でも定着できる適応能力があることを忘れてはならない。現在、アライグマの生息数が少なく、被害が小さかったり認識されていない自治体でも、分布や目撃情報を注意深く収集しつつ、生息が確認されしだい捕獲がすぐに行えるような体制を整えておくことが重要だ。アライグマの捕獲は、ほとんどが市町村単位で行われているが、アライグマにとっては市町村の境界線にはなんの意味もない。そのため、近隣の自治体と歩調を合わせて、協力しながら広域的に管理することで、対策効果を高めることも期待できる。そして、アライグマに限らず、さまざまな野生動物対策に必要なデータの収集、長期間の継続的な予算、野生動物管理の専門職員の配置などが、わが国には必要だろう。

第6章　アライグマ問題から学ぶべきこと

1　初期対応の重要性

これまで、アライグマの生態、日本への導入の経緯、野生化によるさまざまな被害、対策の実情と課題、について触れてきた。ペットとして輸入されてかわいがられたアライグマが悪いのではなく、被害をもたらす害獣にしてしまった人間がその原因をつくったのは、まちがいない。そして、およそ五〇年前にはじまったアライグマ野生化の原因に心を痛めながら、今この瞬間にもその問題に対処している人々がいる、という現実もある。私たち人間は、アライグマ問題について考え、学び、反省し、過ちを繰り返さない知恵も持っているはずである。この章では、アライグマ問題から学ぶべきことについて、私の個人的な思いも交えて、さまざまな角度から述べたいと思う。

北海道恵庭市で、スイートコーンなどへの農作物被害対策として、日本で初めてアライグマの有害鳥獣捕獲が行われたのは一九九七年だった。一九八〇年ごろから、アライグマによると思われる被害情報は市に寄せられていたようだが、当時の被害はきわめて少なく、さほど問題ではなかったようだ。それから一〇年以上経過した一九九三年でも、被害金額は四万五〇〇〇円だったが、そのわずか三年後の一九九六年には、一〇〇倍の四七〇万円に達しただけでなく、周辺の市にも被害が拡大した、という経緯が恵庭市の広報に記されている（恵庭市役所総務部広報公聴課 一九九七）。このような急激な被害の広がりを受け、翌年の一九九七年に、初めての有害鳥獣捕獲が実施されるに至ったのである。恵庭市で被害が出はじめた一九八〇年といえば、外来生物法ができる二五年も前のことで、外来種問題に対する危機感は、ほとんどなかったであろう時代だ。拡大する農業被害のみならず、アライグマによる生態系への被害をも予想して対策をすることは、むずかしかっただろう。

恵庭市を含む近隣の市町村では、積極的な有害鳥獣捕獲が行われるようになってしばらくすると、アライグマによる農作物への被害は減少した。電気柵などによる農地への侵入予防などの対策と合わせ、今でも有害鳥獣捕獲が続けられている恵庭市では、アライグマによる二〇二二年度の農業被害額は九〇万円弱で、捕獲が開始された一九九七年に比べても低水準である（恵庭市 二〇二三）。

捕獲によって地域的には被害の低減効果はあったが、結果から見れば、アライグマの分布はその後、北海道のほぼ全域に広がってしまうことになった。当時は、根絶を目的とした外来種対策ではなく農業被害対策としての捕獲しか法的には行えなかったことや、恵庭市以外でもアライグマの野生化があちこちで多発的に生じたことなど（池田 一九九九）、さまざまな要因が重なった結果であろう。しかし、北海道での経過を振り返ると、外来種対策は、定着初期で、まだ生息数も分布域も限定的な状況での対応が、いかに重要であるかを示しているのではないだろうか。

私が、北海道でアライグマの研究をはじめたのは、恵庭市で有害鳥獣捕獲が初めて行われた翌年の、一九九八年のことだ。恵庭市近隣でも、次々とアライグマが捕獲されてはいたが、野生化アライグマの生息数や繁殖率など、個体群管理を考えるうえで必要なはずの生態学的なデータは、ほとんどなかった。そのため、アライグマの分布拡大や個体数増加を抑えるために必要な捕獲が行えているのかが判断できないまま、捕獲だけが進められている状況だった。そこで私は、捕獲されたアライグマの齢構成、繁殖率、一回に産む子どもの数などを調べ（第4章参照）、根絶を目標とする場合に必要な捕獲の程度や効果的な捕獲方法を明らかにすることができないかと考え、アライグマの研究を進めた。

北海道の捕獲個体分析から得られた繁殖などに関するデータのほかに、北海道と同じような生息環境で調べられた原産国アメリカでのアライグマの死亡率などの研究データを加えて、まずは、北海道のアライグマがどのように増加していくのかを、コンピューターを使って予測をすることにした。

図6-1は、雌雄五頭ずつ計一〇頭の成獣のアライグマが、最初に野外で定着したと仮定し、それから二五年間の増加曲線を示したものである。見てのとおり、定着してから一五年くらいは非常にゆっくりと個体数が増加するが、その後は急激に増えていってしまうことがわかるだろう。もちろん、実際には、一〇頭のみをスタートとしてアライグマの定着が起こったはずはない。あくまでもコンピューターで予測したもので、この増加曲線が実際の状況を正確に反映していない可能性もある。しかし、この分析結果から見てとれる増加傾向は、北海道でのアライグマ野生化が一九七九年に記録された後、一〇年ほどは被害がほとんどなく、その後、急激に被害が確認されるようになった、という恵庭市の状況をう

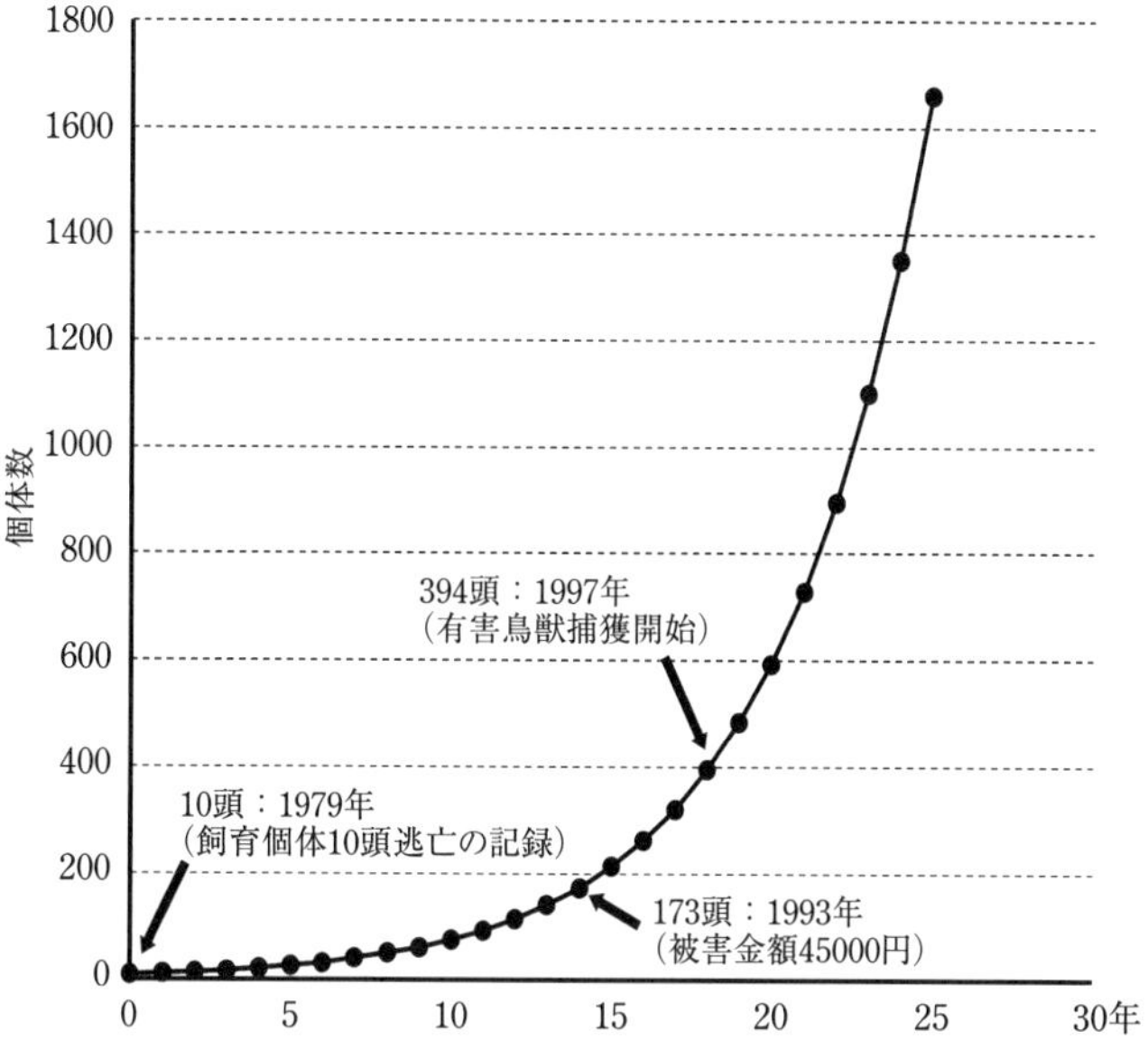

図 6-1　北海道におけるアライグマの推定増加曲線
恵庭市では 1979 年に 10 頭の飼育個体の逃亡が記録されている。そこで、雄雌 5 頭ずつ計 10 頭のアライグマが、25 年間でどのように増加していくのかを推定した。環境収容力は考慮せず、繁殖率や産子数は捕獲個体分析によるデータ（Asano *et al.* 2003a）を、死亡率はアメリカのデータ（Clark *et al.* 1989; Gehrt and Fritzell 1999）を用いて、増加曲線を求めている。逃亡からしばらくは個体数の少ない期間（潜伏期）が続くが、その後、急激に個体数が増加してしまうことがわかる。

まく説明しているように思える。個体数が少ないうちは、被害はもちろん、生息していることも地域住民にはほとんど気づかれず、個体数の急激な増加によって被害が一気に広がり、認識されるようになったであろうことは、想像しやすい。

　次に、このように増加していく性質を持っている北海道のアライグマに対し、さまざまな「シナリオ」で捕獲を行った場合に、野外にいる個体数はどのように変化するのかを、コンピューターでシミュレーションしてみた。これは、当時北海道で行われていた有害鳥獣捕獲が、どの程度アライグマを減らす効果があるのかを検証（見える化）し、より効果的な方法を提示できないだろうか、と考えたからである。少々複雑になってしまうので、コンピューターシミュレーションの詳細は割愛するが、野外にいる一〇〇〇頭のアライグマに対して、三つのシナリオで捕獲を行った場合の結果を図6-2に示した。

三つのシナリオとも「毎年二〇〇頭のアライグマを捕獲する」というもので、捕獲数ではどれも変わらない。しかし、捕獲を行う時期がそれぞれ違っている。シナリオ1では「夏（七月から一〇月）の間だけ二〇〇頭」を、シナリオ2では「春（四月から六月）と夏にそれぞれ一〇〇頭ずつ」を、シナリオ3では「春の間だけ二〇〇頭」を、それぞれ捕獲すると設定している。これらの条件で捕獲シミュレーションを行うと、根絶に至るまでの時間が全然異なったのだ。数だけでいえば「毎年二〇〇頭のアライグマを捕獲する」ということは同じなのに、夏の間だけ捕獲を行うシナリオ1では一〇〇〇頭のアライグマを根絶するのに一四年かかったが、春と夏に半数ずつ捕獲を行うシナリオ2や春の間だけ捕獲を行うシナリオ3では、それぞれ七年と五年で根絶する、という予測結果となった。

当時の北海道では、おもにスイートコーンなどの農作物被害対策として、収穫期の夏に集中的にアライグマの捕獲が行われていて、被害がまだ発生していない春は、ほとんど捕獲が行われていなかった。つまり、シナリオ1「夏の間だけ二〇〇頭」は、当時の北海道の有害鳥獣捕獲を行い続けた結果、と見ることができる。しかし、夏になると、春に生まれた子どもはすでに離乳していて、母親を捕獲したとしても、残された子どもは独りでも生きていくことができるくらいに成長してしまっている。あるいは、

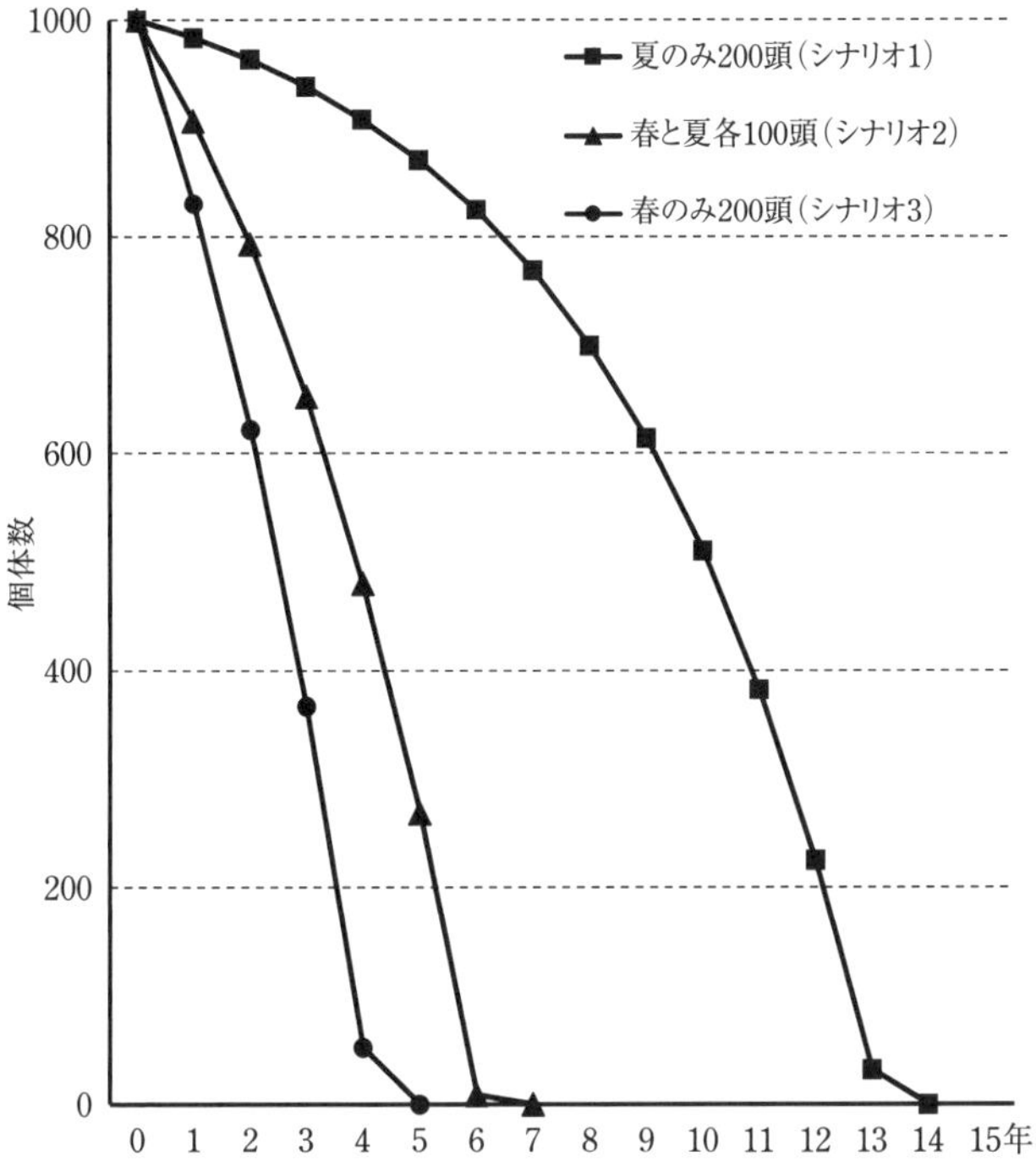

図 6-2　北海道におけるアライグマ捕獲シミュレーションの結果(捕獲時期の違い)

1000頭のアライグマに対し、夏（7月から10月）のみ200頭（シナリオ1：■)、春（4月から6月）と夏に各100頭（シナリオ2：▲)、春のみ200頭（シナリオ3：●）を毎年捕獲したと仮定した場合の個体数の変化を示した。3つのシナリオとも毎年200頭のアライグマを捕獲している。しかし、1000頭のアライグマを根絶するのにシナリオ1では14年かかったが、春の捕獲を含むシナリオ2やシナリオ3では、それぞれ7年と5年に短縮されることがわかる。

たとえ、わなへの警戒心が低くて捕獲されやすい子どもを捕獲しても、母親が残っていれば翌年にはまた四頭の子どもを産む。そのため、夏に子どもや母親のいずれかを捕獲したとしても、根絶までの時間が長くかかってしまうのである。

一方、農業被害が出はじめる前の春六月までは、子どもは母親からの授乳を必要としていて、独り立ちしていない。授乳期間中の子どもは巣穴から出てくることはほとんどないので、わなで捕獲することはむずかしいが、子育てに必要な栄養をつけるために食欲も旺盛な母親を、春の時期に餌で誘き寄せて捕獲してしまえば、巣に残された子どもは生きていくことができない。当時の北海道ではほとんど行われていなかった春の捕獲(シナリオ2や3)をすることで、同じ頭数の捕獲であっても根絶までの期間が半分以下となり、捕獲効果を高めることができる、というわけだ。

別のシミュレーションでは、その年に生息している個体数に対して、一定の割合を捕獲し続けた場合を予測してみた(図6-3)。こちらも先ほどと同様に、捕獲開始時点の個体数は一〇〇〇頭にしている。シナリオ1では個体数の「四〇パーセント」を、シナリオ2では「三〇パーセント」を、シナリオ3では「二〇パーセント」を、それぞれ捕獲し続けると設定した。いずれのシナリオでも、「春と夏に半数ずつ捕獲する」という条件で統一している。その結果、根絶までの期間は、二〇パーセント捕獲のシナリオ3では一〇〇年以上、三〇パーセントのシナリオ2では二二年、四〇パーセントのシナリオ1では五年と予測された。この結果を見れば、「少しずつ」捕獲しても根絶はむずかしい、ということがわかる。もっとも、通常は、個体数が多いときには比較的捕獲はしやすいが、捕獲が進んで個体数が減ってくると捕獲することはむずかしくなっていくので、生息する個体数の三〇パーセントや四〇パーセント

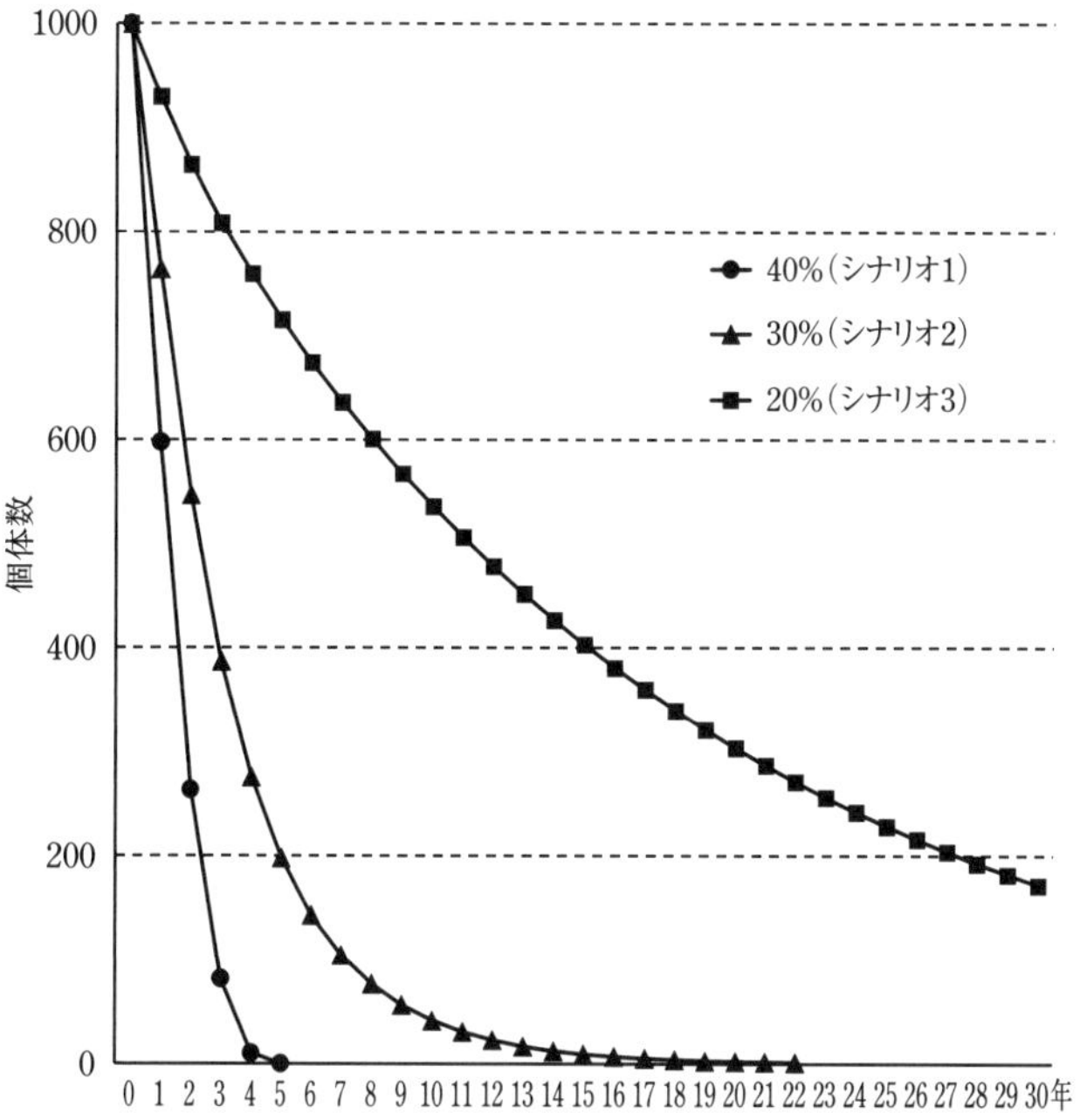

図 6-3　北海道におけるアライグマ捕獲シミュレーションの結果（捕獲割合の違い）
1000 頭いたアライグマに対し、その年の個体数の 40%（シナリオ 1：●）、30%（シナリオ 2：▲）、20%（シナリオ 3：■）を捕獲し続けたと仮定した場合の個体数の変化を示した。1000 頭のアライグマを根絶するのに、シナリオ 3 では 100 年以上かかったが、シナリオ 2 では 22 年、シナリオ 1 では 5 年で根絶できると示された。

を捕獲し続けるというシナリオは、現実にはきわめてむずかしい設定だ。しかし、この予測からでも、根絶を目指すのであれば、初期に「大規模な」捕獲をして個体数を急減させることが必要だ、ということは一目瞭然だろう。

これまで紹介した、私が博士課程の研究で得た結果の一部は、二〇〇六年四月に策定された「北海道アライグマ防除実施計画」の立案の際など、アライグ

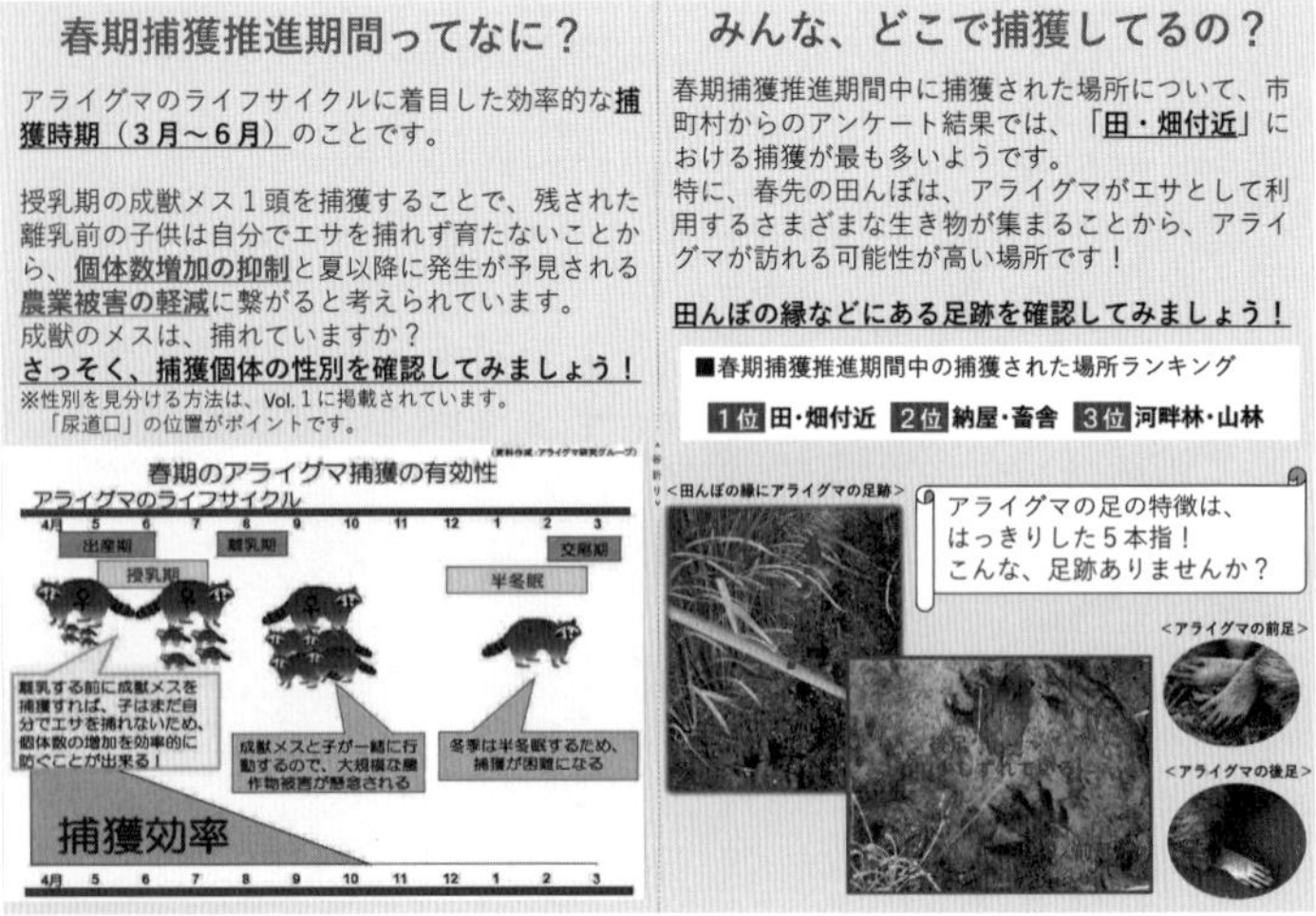

図 6-4　北海道におけるアライグマの春期捕獲推進期間の啓発資料
（北海道環境生活部環境局自然環境課 ポケットアライグマ vol. 2 より）

マ対策を考えるうえで参考にしていただいたようだ。二〇一五年からは、北海道ではアライグマを効果的に捕獲するための新たな取り組みとして、アライグマの出産や授乳時期で、餌を求めて活動が活発となる三月から六月の期間を「春期捕獲推進期間」に設定し、春のアライグマ捕獲を推奨している（図6-4）。私は二〇〇三年に、現所属である岐阜大学職員になるために北海道から離れてしまったが、その後も北海道でアライグマの研究や対策を続けている多くの方々によって、北海道のアライグマ対策に見直しが続けられていることは、すばらしいことだと感じている。しかし、北海道でのアライグマ問題の事例を見ても、外来種対策において、根絶を成功させるためには初期対応がいかに大事であるかを、学ぶことができるだろう。

外来種対策では、定着が認識された初期において、個体数が少なく分布も広がっていない段階で、

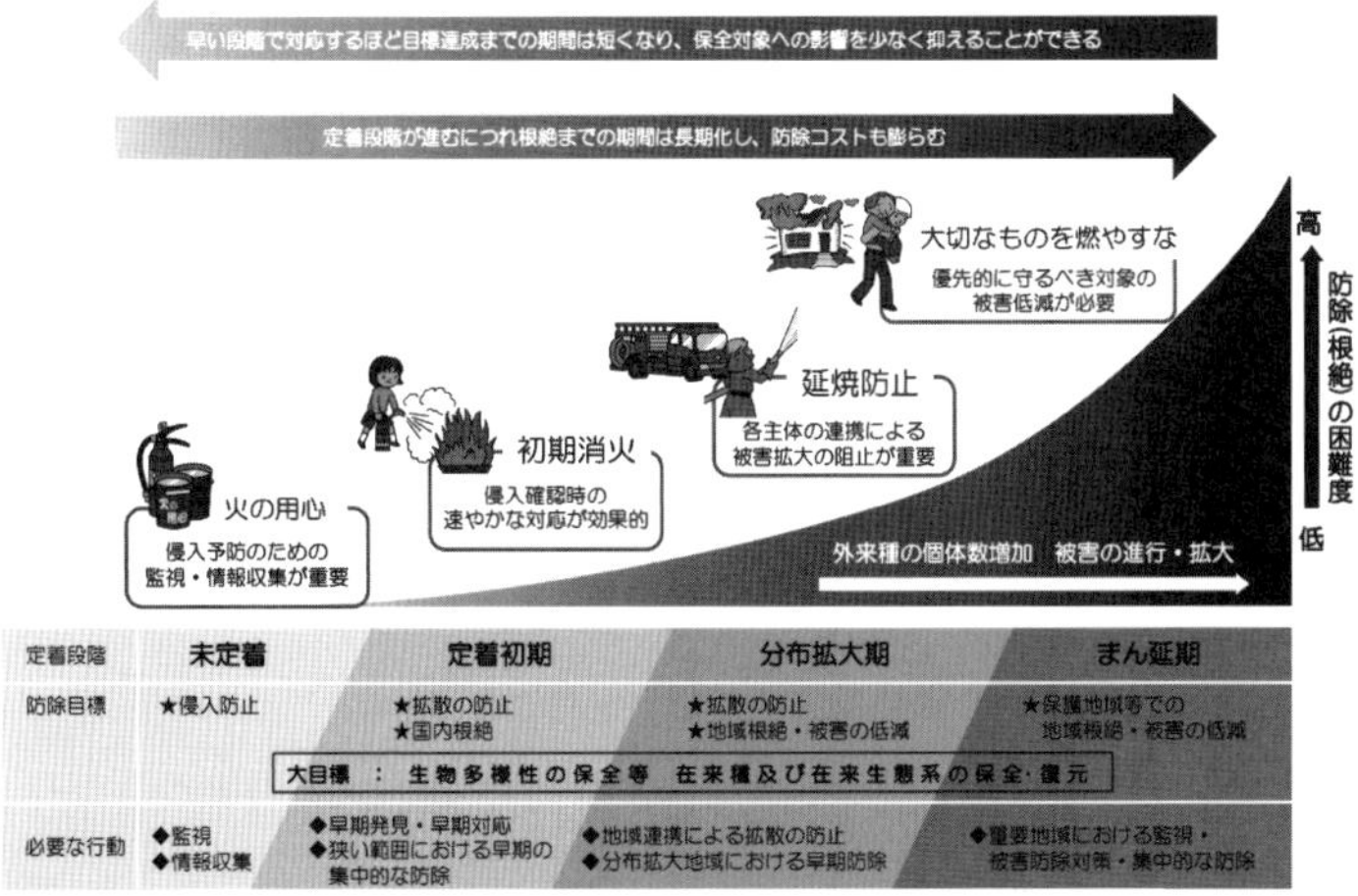

図 6-5　侵略的外来種の定着段階と防除の困難度
（環境省・農林水産省・国土交通省「外来種被害防止行動計画」2015より）

すばやい対応を行うことが成功の大事なポイントとされている。二〇一五年に策定された「外来種被害防止行動計画」にも、定着初期の対応について、わかりやすい図が示されている。アライグマなど、侵略的外来種の定着段階と防除の困難度を、防火や消火対応にたとえながら図解している（図6-5）。外来種が侵入してしまった場合（＝火災が発生してしまった場合）でも、侵入早期での集中的な防除などの速やかな対応（＝初期消火）によって、被害を最小限に食い止められる可能性は高まる。しかし、分布拡大期やまん延期（＝火災の拡大）になってしまうと、個体数が増えて根絶はむずかしくなり、被害拡大の阻止（＝延焼防止）や希少な種や生息地などの優先的に守るべき対象に被害がおよばないような措置（＝大切なものを燃やすな）しか、できなくなってしまう。つまり、早い段階での対応ほど、目標達成までの期間は短くなり、保全対象種への影響を少なく抑えることができるが、定着段階が進むにつれて、根絶までの期間は長期化して、対策コストもふくらんでしまう。そして、初期対応を可能にするためには、日ごろから、侵入予防のための監視や情報収集（＝火の用心）を行う体制を整えることが大切というわけだ。

日本でのアライグマ野生化では、外来生物の取り扱いに関する法整備が整っていなかった時代に、飼育個体の遺棄や逃亡、捕獲個体の譲渡などが、全国各地で多発的に生じてしまった。そのため自治体は、侵入予防や、被害が顕在化していない定着初期での対策をすることは、むずかしかったのであろう。残念ながら、日本でのアライグマの定着段階としては、多くの都道府県ではすでに、図6-5でいうところの分布拡大期からまん延期にあり、根絶の困難度がきわめて高い状態になってしまっている。外来生物法による防除がスタートした二〇〇五年から約二〇年が経過した今でも、多くの地域では外来生物法による防除実施計画が策定され、地域からのアライグマの根絶を最終的な目標として、捕獲を含む対策が行われている。各地で根絶達成に向けた多くの努力がなされてはきたが、地域からの根絶が達成できた自治体がないのが現状である。外来生物法の趣旨からすれば、根絶は防除実施計画の最終目標として目指すべきものではあるが、優先的に守るべき希少な種や生息地などの対象がある地域では、それらの保全にもアライグマ対策としてのコストや努力を再配分すべき時期なのかもしれない。

2　予防原則への転換を

私たちはアライグマ問題をとおして、初期対応だけではなく、予防原則の重要性も学ばねばならない。

ひとたび外来種が定着してしまうと、初期対応がしっかりできない場合には、分布を抑えることは容易ではない。アライグマをはじめとする侵略的外来哺乳類の多くは、幅広い食性を持ち、繁殖力が高く、おまけに、多様な環境にも適応できる能力を持ち合わせている。そのような外来哺乳類が、多数で広範囲に分布してしまうと、相当な努力とコストをかけなければ根絶が達成できないことは、国内外の過去の事例で明らかである。侵入して被害が出てから対策をはじめたのでは、手遅れになりやすいのである。その理由の一つとして、今の私たちは、特定の侵略的外来種だけを効率的に捕獲する手段や技術を、ほとんど持ち合わせていないことがあげられる。広く普及している「わな」ですら、ある動物種を捕獲しようとしても、目的ではないほかの動物が誤って捕獲（錯誤捕獲）されてしまうことを、完全に防ぐことはできない。アライグマ「だけ」しか捕まらないわなもないのである。それならば、「侵略的外来哺乳類が侵入してこないかをつねに監視すればよい」というアイデアもあるだろうが、日々膨大な量で移動する物資の厳重な監視にも限界はある。事実、監視の目をかいくぐって、これまでに多くの外来種が侵入してしまっているのだ。

　ところで、みなさんは「予防原則」という言葉を聞いたことがあるだろうか。予防原則とは、環境保全などに関する政策を決定する際に、環境への影響や被害が発生していない場合や、環境への影響や被害と原因となる事柄との因果関係が科学的に証明できない場合であっても、予防的に規制をしていくという考え方である。環境に対する影響や被害は、回復することがむずかしく取り返しがつかない損失になってしまいやすいので、被害を未然に防ぐために、たとえデータが少なく因果関係が証明されていなくても原因となるものは規制しよう、という考え方だ。

じつは、これに近いことを、私を含めて多くの人たちが、生活の中で行っている。みなさんの中には、冬になるとインフルエンザの予防接種を受ける方も少なくないだろう。インフルエンザウイルスに感染して発症すると、治療薬の服用タイミングを逸すれば、数日間は高熱や頭痛、関節痛に悩まされ、とても苦しい思いをしなくてはならない。リスクがある人たちにとっては、それこそ命取りにもなりかねない感染症でもある。症状の深刻さもリスクも大きいので、万が一ウイルスに感染したとしても重症化しないための予防策として、ワクチン接種をする。病気になってから治療をするよりも、病気にならないような対策をとるほうが、コストも健康被害も小さくて済むことを、私たちは十分に知っている。だからこそ、多くの人たちがワクチンという予防策を選択するのである。外来種対策でも同じ理屈なのだ。被害が明らかになってから対応をするよりも、予防すること、すなわち侵入や定着そのものを防ぐこと（＝予防原則）のほうが、はるかにコストも被害も、そしてなによりも犠牲が少なくて済む。

国際自然保護連合（ＩＵＣＮ）は、「侵略的外来種による生物多様性の損失防止のためのガイドライン（IUCN Guidelines for the Prevention of Biodiversity Loss Caused by Alien Invasive Species）」を二〇〇〇年に公表している（IUCN 2000）。このガイドラインの中でも、「侵略的外来種の侵入を予防することが、もっとも安価でもっとも効果的でもっとも好ましい選択肢であり、最優先事項である」と、まさに予防原則の重要性が述べられている。「侵略的になるリスクがある外来種の導入を予防するための迅速な対応は、侵入後の長期的な結果に関して科学的不確実性がある場合でも適切である。多くの外来種が生物多様性に与える影響は予測不可能であるため、意図的・非意図的な導入を発見・防止するための努力は、予防原則にもとづくべきである」とも書かれている。ある外来種が、その地域で侵略的になるかを予測することはとてもむずかしい。それを科学的に正確に予測するための十分な生態学的知識もデータも、私たちは持ち合わせていないためである。

予防原則の重要性を再認識できたところで、日本の状況を振り返ってみよう。今では「外来生物法」、「狂犬病予防法」、「伝染病予防法」、「種の保存法」など、海外からの生物の輸入に関して一定の規制をもうけている法律はあるものの、原則的には、これらに違反しない限りにおいて、自由に生物を輸入したり、移動や飼育することができる。じつは、世界的に見ると日本は生きものの輸入大国で、産業用、観賞用、学術研究用などのさまざまな目的で、動植物が生きたまま輸入されていることはあまり知られていない。二〇一一年の貿易統計によると、八〇〇〇万個体を超える動物が、たった一年間に輸入されている。近年では、エキゾチックアニマルの人気が高く、インターネット販売やSNSの普及も相まって、日本にはもともと生息していないさまざまな生きものが、ペットとして輸入・販売されている。これらの生きもののほとんどは、適切に管理されている「はず」だし、野生化してもすべてが侵略的外来種になるということではないが、日本は新たな外来種問題が発生する危険性をつねに持ち合わせている国である、ともいえるだろう。事実、私たちは、ペットとしてアライグマを輸入して、適切な管理ができずに野生化させるという取り返しのつかない「失敗」をおかしていることを忘れてはならない。

予防原則の考えにもとづいて、厳しい外来種管理政策をとっている国の一つに、ニュージーランドがある。ニュージーランドは、南北半球の違いはあるものの、日本と同じような緯度帯にあり、まわりを海に囲まれた島国だ。面積は約二〇万平方キロメートルと日本の七〇パーセントほどであるが、二〇二一年の統計によれば人口は約五一〇万人と、日本（約一億三〇〇〇万人）の四パーセントにすぎず、東京都（約一四〇〇万人）の三分の一ほどである。私は、大学院生時代からアライグマ研究でお世話になっている北海道大学の池田透名誉教授とともに、ニュージーランドには一〇年以上前から何度も訪れている。現地でしかわからない先進的な外来種管理の視察や、外来種管理技術の共同研究などを行うことが目的だ。ニュージーランドは、ほんとうに美しく、食資源も豊かで、ワインもビールも絶品で、大好きな国である（図6-6）。

そのニュージーランドには、およそ一〇〇〇年前からマオリとよばれる先住民が暮らしていたとされているが、一六四二年にヨーロッパの探検家が初めて島を訪れて以降、交易や戦争などの経緯を経て、一八四〇年にイギリスによって植民地化された歴史を持つ。もともとニュージーランドは、在来の陸生哺乳類はコウモリ二種しか生息していない国だったが、入植した人々はヒツジやウシ、ウマやブタなどの家畜のほか、さまざまな陸生哺乳類を持ち込んだ。持ち込まれて定着した哺乳類は、イヌやネコ、ヤギ、ネズミ類、ウサギ、シカ類、ハリネズミ、オコジョ（*Mustela erminea*）、フェレット（*Mustela putorius furo*）など、三〇種ほどにもなる。これら野生化した哺乳類や、入植によって行われた大規模な森林伐採や農地開拓によって、希少な在来生態系は深刻なダメージを受けることになる。マオリによって持続可能な形で利用されてきたニュージーランドの自然が、ヨーロッパ人の入植以降は壊滅的な影響を受け続けた。

やがて、一九四七年にニュージーランドは独立国となり、戦後にはマオリへの差別撤廃やマオリ文化保護などの活動や政策が広まり、現在ではマオリ語のテレビ番組放送や学校でのマオリ語の教育が行われている。また、入植以前の文化だけではなく、ニュージーランドの在来生態系の回復や自国の農畜産業の保護のための政策を、国として積極的に進めている。その一環として、根絶を目標とする侵略的外来種の管理政策の推進と、国外からの外来生物の持ち込みや侵入を厳しく制限する法律や検疫体制（バイオセキュリティー）の整備がなされた（図6-7、図6-8）。たとえば、ニュージーランドでは、果

図 6-6　ニュージーランド滞在中の食事風景
上の写真は、ニュージーランド Manaaki Whenua（Landcare Research）の元研究チーム長 Phil Cowan 博士と奥様の Nan（奥）、北海道大学の池田透名誉教授（手前左）とのニュージーランドのネーピアでの会食風景（2018年）。下の写真は、ニュージーランドの名物料理の1つである骨付ラムスネ肉の煮込み料理 Lamb Shank。赤ワインとの相性は最高である。（オークランドにて2022年著者撮影）

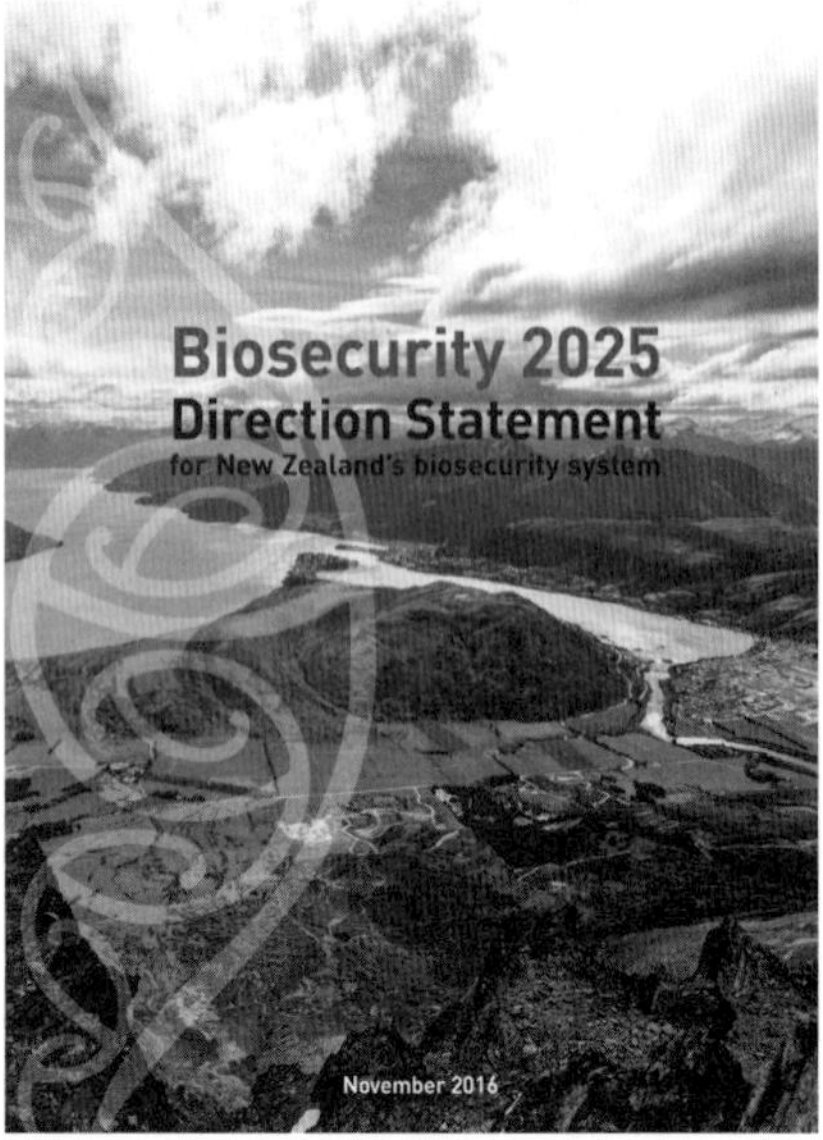

図 6-7　ニュージーランド「Biosecurity 2025」
ニュージーランドが2016年に示した、今後10年間のバイオセキュリティー方針「Biosecurity 2025」のパンフレット表紙。冒頭には、国民が協働でバイオセキュリティーに参加する必要があると述べられている。パンフレットは英語だけでなく、マオリ語も併記されている。（Ministry for Primary Industries "Biosecurity 2025" 2016 より）

物や野菜などの植物や植物の種（たね）、ペットなどの動物、動物性製品などの持ち込みが禁止されている（図6-9）。また、別の場所で使用した靴やアウトドア用品で、土などが付着しているものも持ち込み禁止という徹底ぶりである。いずれも、ニュージーランドの「バイオセキュリティー法（Biosecurity Act 1993）」にもとづいた対応である。この法律では、「すべての自然・物理資源またはヒトの健康に不要な害をおよぼす可能性がある、または潜在的におよぼす可能性がある生物」を「不要生物（unwanted organism）」と定義し、国内への持ち込みを原則的に制限している。まさに予防原則にしたがった、世界初のバイオセキュリティーに関する法律とされている。疑わしいものやリスクがあるものは国内に入れさせず、原則として安全であることが証明されたものに対してだけ国内への持ち込み許可を与えている。つまり、安全であるというリスト（ホワイトリスト）にしたがって、輸入が認められる制度を整えているのである。

一方、日本はどうだろう。外来生物法では、有害であるとみなした特定外来生物には輸入制限をしているが、規制されてない外来生物は今でも自由に輸入や持ち込みができる。有害とみなしたリスト（ブラックリスト）をもうけて輸入を規制する、という方針だ。つまり、ニュージーランドとは逆の方針で、

図 6–8　ニュージーランド Manaaki Whenua（Landcare Research）の研究棟

ニュージーランドの土壌や生物多様性に関する中心的な研究機関 Manaaki Whenua（Landcare Research）内にある、無脊椎動物に関する研究棟（上）と屋外実験施設（下）。バイオセキュリティーの観点から、外来無脊椎動物の、在来植物に対する影響や防除方法などを、管理された実験施設内で研究している。（2022 年著者撮影）

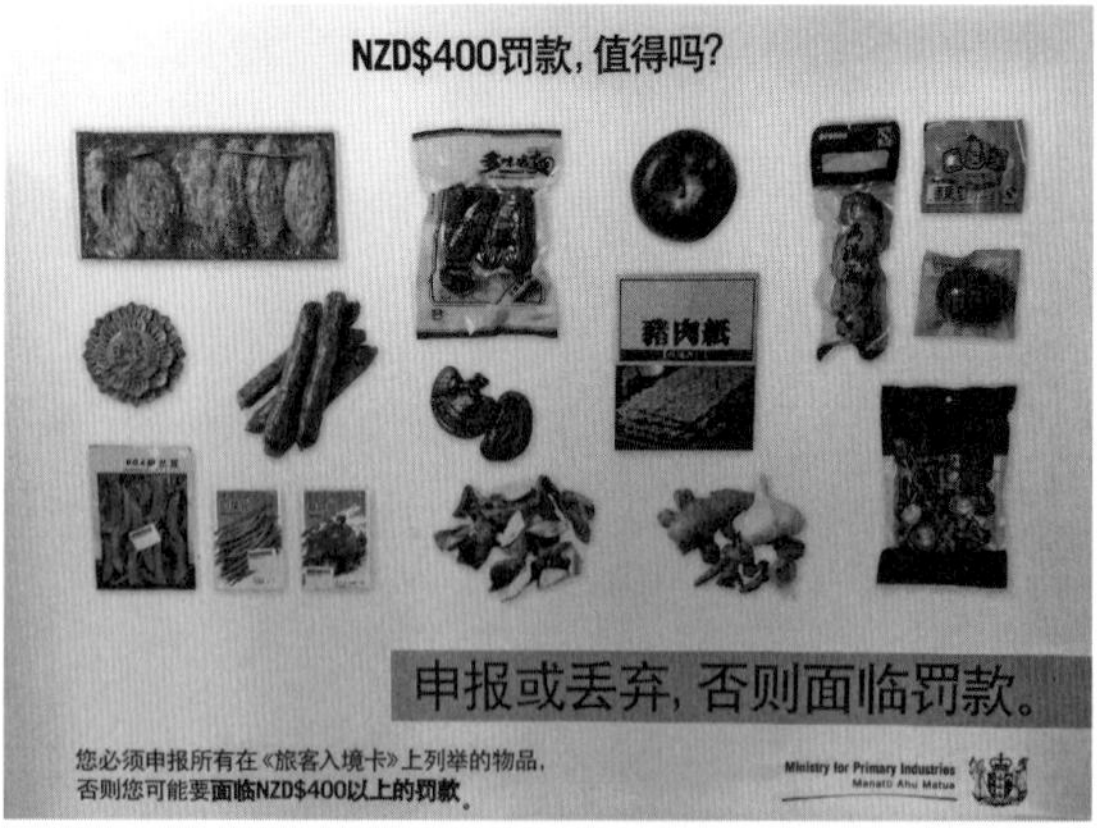

図 6-9　ニュージーランドの空港で掲示されていた持ち込み禁止品に関するポスター
中国からの渡航者向けに、畜産製品、青果、野菜の種（たね）、漢方薬などが持ち込み禁止であることや、申告せずに検疫で発見された場合には 400 NZ ドル以上（2018 年時点）の罰金となることが記載されている。（2018 年著者撮影）

バイオセキュリティーを行っているのである。日本とニュージーランドのどちらの国が、先に紹介した予防原則やIUCNのガイドラインにのっとっているかは、いうまでもないだろう。

ニュージーランドも日本も、まわりは海で囲まれている。陸続きで国境が接している大陸の国々に比べれば、島国では国外から外来生物が入ってくるルートは限られる。いいかえれば、ほかの国よりも外来生物の侵入を管理しやすい、という地理的な利点を持ち合わせているといえる。ブラックリスト方式とはいえ、外来生物法によって、日本の外来生物管理政策は大きく前進したことはまちがいない。ホワイトリスト方式へと、一八〇度の方針転換をすることはすぐにはむずかしいだろうが、新たな外来種問題を生じさせないためには、島国という地理的な利点を生かした検疫体制の強化が、現時点では現実的で比較的効果が期待できる手段だろう。それに、予算的に見ても、被害が発生してからの外来種対策にかかる莫大なコストに比べれば、検疫強化のコストははるかに小さくて済む。アライグマ問題をとおして、予防原則の重要性も、私たちは経験したのである。

3　アライグマ対策と殺処分

有害鳥獣捕獲にせよ、外来生物法による防除にせよ、アライグマを捕獲して殺処分することに対する意見は、さまざまあるだろう。農作物や家屋侵入などの実害を被っている人たちにとっては、アライグマは害獣である一方で、かつてはペットだったのに人間のせいで野生化させられたアライグマこそ被害者だ、と考える人々もいる。日本固有の生態系を保全する使命から、心を痛めながらアライグマ対策に取り組まれている方もいるだろう。ここからは、アライグマ対策においては、避けては通れない殺処分の問題について、二五年以上関わってきた私個人の考えも含めて述べたい。

外来種対策でもっとも悩ましいことの一つは、捕獲した個体をその後どうするか、ということだ。とくに、外来の植物や昆虫などに比べ、より体が大きいアライグマを含む外来哺乳類対策ということになれば、捕獲個体の取り扱いはよりセンシティブな問題だ。今でこそ、外来種が引き起こすさまざまな被害は、国民にも広く認知されてはいるものの、アライグマが北海道や神奈川県などを中心に全国的に問題になりはじめた一九九〇年代は、アライグマの捕獲や処分に対する人々の受け止め方は、今とは大きく違っていた。

なによりアライグマは、もともとはテレビアニメ放送が大きなきっかけとなって、ペットとして輸入販売された経緯がある動物である。その人気ぶりはほんとうにすごかった。「あらいぐまラスカル」は、さまざまな企業のマスコットキャラクターになっていたし、おもちゃ売り場はラスカルのぬいぐるみやキャラクターグッズであふれかえるほどだったことは、当時小学生だった私もよく覚えている。日本へのアライグマの輸入や販売は、二〇〇〇年一月から狂犬病予防法にもとづく輸入検疫対象動物に指定されて以降はほとんどなくなったが、その後に外来生物法が公布された二〇〇四年の段階でも、ペットとして飼育している人たちはいた。アニメの放送からわずか二〇年ほどの間に、人気者のペットだった動物が各地で野生化して害獣になってしまう、という状況の変貌ぶりを思えば、農業や生態系への被害防止のためとはいえ、行政がアライグマの捕獲や殺処分を開始することに反対の声があがるのは、無理もないことだったのかもしれない。

外来生物法ができるよりも前の一九九七年に、日本で初めてアライグマの有害鳥獣捕獲（駆除）が行われたのは、北海道恵庭市と隣の長沼町だった。野生化アライグマの駆除の必要性を、行政として慎重に検討したことがうかがえる事例の一つとして、恵庭市での対応を紹介しよう。恵庭市では、アライグマの有害鳥獣捕獲申請を行う前に、農作物などへの被害状況の有無と捕獲の必要性について、市民に対してアンケート調査を行っている。その結果、「有害捕獲やむなし」と判断し、ようやく有害鳥獣捕獲の申請を行ったのである。かつては人気のペットだったアライグマを、害獣として駆除することへの必然性をしっかりと精査してから、全国に先駆けて駆除を開始するというステップを踏んでいた。それにもかかわらず、恵庭市には全国各地から、「アライグマを駆除するなんてかわいそう！」という意見が多数寄せられ、なかには脅迫めいたものまであったことを、当時の担当者からうかがったことは今でも覚えている。

北海道大学の池田透名誉教授は、北海道でアライグマの農業被害が問題になりはじめた当初から、社会学的な側面にも目を向けながら、外来種としての対策の必要性を指摘されていた。外来生物法が制定されるずっと前だったにもかかわらず、池田名誉教授は、アライグマによる被害の深刻さ、分布拡大の速さ、早期対策の必要性を、全国各地でうったえる活動をされていた。そのような活動をしている中でも、心ない人たちからの批判や誹謗中傷のようなものもあったことを、池田名誉教授からも聞いたことがある。ここには書くこともはばかられるような「脅迫」を受けた研究者も、私は知っている。

アライグマの捕獲や殺処分に関して、さまざまな意見があったことで思い出されるエピソードは、ほかにもある。アライグマの被害が各地に広がりはじめてまもなくで、その深刻さが一般の方にはあまり知られていないころに、関東で開催されたアライグマ問題に関する市民公開シンポジウムに参加したときのことだ。そのシンポジウムの目的の一つは、農作物だけではなく、アライグマによる在来生物の捕食などの生態系被害の現状や、外来種としてのアライグマ対策の必要性を、市民にも広く知っていただくことだった。しかし、そのシンポジウムの総合討論では、一般の参加者から「アライグマを駆除するなんてかわいそうだ。命を大切にしていないのではないか」というような意見が多くあがった。会場が緊迫した雰囲気に包まれる中、参加者の一人であった増井光子先生が、発言マイクに向かわれた。増井光子先生は、読者のみなさんもよくご存じのとおり、上野動物園や横浜市立よこはま動物園、兵庫県立コウノトリの郷公園などの園長を歴任した、野生動物獣医師の草分けである。増井光子先生は、アライグマの命を奪わねばならないこの問題の現状を憂いつつ、「アライグマの命だけを見てはいけないのではないか。知らないところでアライグマによって今も捕食されている、日本在来の生きものたちの命を守ることも大切なのではないか」と、冷静に、しかし力強い口調で発言されたのだった。この増井光子先生の発言の後、会場が静まりかえったことを今でも鮮明に覚えている。

第4章でも紹介したとおり、私は、大学院の博士課程の研究を行うにあたり、有害鳥獣捕獲が行われはじめてまもない恵庭市、長沼町、北広島市にご協力いただき、殺処分された捕獲個体を提供していただくことになった。行政の担当の方から、「今日○○でアライグマが捕獲されたよ」と当日に電話やファックスで連絡をもらい、すぐに捕獲された農家のお宅に自家用車で向かい、捕獲個体を回収する、という日々だった。まだ車のナビゲーションなんてものはないので、一人で紙の地図を頼りに、細い農道を迷いながら農家さんの自宅を探したことが懐かしい。恥ずかしながら、当時は研究予算もなかったので、ガソリン代や調査用具の購入費、学費などは、ススキノや環境アセス調査のアルバイトをして工面していたことは、今では笑い話だ。

そうして捕獲個体の回収に何度か行くようになると、「まだわなの中で生きた状態なので、できれば殺処分をして大学に持っていってほしい」と頼まれることもあった。アライグマを研究対象にするのだから、いつかそういうことがあることは想定はしていたが、自分の手でアライグマを殺処分するのは、心理的にも技術的にも容易なことではなかった。私は学生時代と卒後三年ほど、大学の附属動物病院や開業動物病院での小動物臨床の経験は持っていたものの、わなで捕獲された野生動物を殺処分するなどということは、一度もしたことがなかったのだ。畑に置かれた、アライグマが捕獲されているわなに私が近づくと、中にいるアライグマは恐怖で怯えて固まってしまっていたり、興奮して攻撃したりと、彼らの性格もそれぞれ違っていて個性がある。そうやって何度かアライグマの処置を経験するうちに、できるだけ個体にストレスを与えないよう、すべての準備を整えてから、そーっとわなに近づいて、一度の吹き矢で麻酔をし、眠らせた後にわなから取り出して薬で致死処置をするという、できる限りの人道的な殺処分が徹底できるようになっていた（図6-10）。まれに、農家の方が、「殺処分の現場を見たい」と希望されることもあったが、私は拒まずに作業を見てもらうことにしていた。生きた状態でわなにいるアライグマを見て、「こんなにかわいらしいのに、かわいそうだよね」と、複雑な心境を口にされる農家の方もいた。被害を受けているとはいえ、農家の方も殺処分されることについては、心を痛めていたのである。自分だけが心を痛めているわけではないのだということに、はっとさせられたことは今でも忘れられない。そうやって処置の立ち会いを希望された農家の方には、農業被害防止のためだけではなく、外来種としてもアライグマを捕獲する必要性があること、殺処分される個体数をできるだけ少なくしたいので、駆

図 6-10　吹き矢での麻酔風景
札幌市内で、はこわなで捕獲されたアライグマに吹き矢で麻酔をしている著者。できる限りストレスをかけずに、1 回の注射で眠らせることができるよう、慎重に狙いを定めてすばやく投与することを心がけた。(2000 年)

除された個体をむだにせずにデータを集めていること、などを処置を行いながらお話しすることにしていた。今思えば、自分の畑で捕獲されたアライグマがむだに命を奪われるのではない、と農家の方にも感じてもらえればという、身勝手な自己満足だったのだろう。そうして捕獲個体から得られた繁殖などのデータが、北海道やほかの都府県のアライグマ対策で少しでも役に立った「はず」だと思うことで、私がこの手で奪った数百頭のアライグマの命が、むだにはならなかったと自分にいいきかせて心を落ち着かせてきたのだ。

アライグマによる生態系や農業などへの被害を抑えるということだけを考えれば、捕獲して野外から「取り除く」だけでもよいだろう。「だったら、捕獲した個体を殺さずに、動物園や飼育したい個人に引き取ってもらえばよい」という意見は、アライグマの有害鳥獣捕獲が行われはじめた当時から多く寄せられるアイデアだ。北海道恵庭市でも、捕獲したアライグマを、動物園などの公共の飼育施設などへ譲渡することについて検討はされたが、現実的にはすべてを引き受けてくれるところはなく、譲渡は断念せざるをえない状況だった。また、飼育を希望する個人への譲渡も、飼いきれなくなって野外に放されて各地で野生化した経緯を考えれば、安易に認められるものではないことは自明だろう。「それなら、捕獲した自治体が責任を持って最期まで飼育するべきだ」というアイデアも、財源が無尽蔵にない限りは、まったくもって非現実的な話だ。どのような感染症や寄生虫を持っているか（少なくとも調べるまでは）わからず、人慣れもしていない野生のアライグマが、動物園であっても個人であっても、飼育に適さないことは火を見るよりも明らかだ。「殺処分するのはかわいそうだから最期まで飼育するべき」と、現実的にはできないことをいうのは無責任ではないだろうか、とさえ感じてしまう。それに、対策が必要な外来哺乳類はアライグマだけではない。アライグマだけを「特別扱い」することなく、捕獲された外来種をすべて最期まで飼育し続けることなど、できるはずがない。

北海道ではないが、殺処分に反対するNGO団体の中には、捕獲された野生化アライグマを原産国のアメリカに戻そう、という運動を行っていたものもあった。アメリカのどの地域から輸入されたのか由来も不明で、日本で繁殖を繰り返して生まれた「日本産アライグマ」を、アメリカに送ろうというのである。「原産国に帰そう!」という、一見すると聞こえのよさそうなアイデアだが、異国生まれの動物の原産地への「再導入」にほかならない。原産国のアライグマ個体群への、遺伝的攪乱リスクや寄生虫や感染症などの拡散リスクを考えれば、このアイデアをアメリカが受け入れることはないだろうと、私は考えていた。事実、結果的にこの運動が実現したという話は聞いておらず、日本産アライグマによる第二の外来種問題にならなかったことに安堵したのだった。

北海道でのアライグマの有害鳥獣捕獲の開始後五年目には、全国で捕獲数は一〇〇〇頭を超えた。そして、外来生物法が施行された翌年には一万頭以上となり、近年では六万頭以上のアライグマが毎年捕獲されている(図5-5)。これだけの数のアライグマを、殺処分せずに飼育し続けるというアイデアが、いかに無謀なことだったかわかるだろう。殺処分をしてきてもなお、この捕獲数なのだ。もし、捕獲したアライグマを殺処分せずに自治体が飼うことにしていたら、飼育のためにコストが割かれ、捕獲にかけられる予算や労力が減少し、捕獲そのものが滞って、アライグマの分布拡大や被害はもっと大きくなったに違いない。増え続ける捕獲数に対して、行政は現実的にとりうる対応として、苦渋の決断で殺処分を選択せざるをえなかったのである。人道的殺処分という処置を、進んでやりたいとはだれも思わない。心を痛めながら、今も対応されている方がいるこの現実を見れば、私たちは、アライグマ問題を忘れることなく、同じ過ちを繰り返してはならない、とあらためて思えるだろう。

先に少しお話ししたとおり、私は獣医師である。獣医師になるためには、まずは獣医学専門の大学に入学し、六年間講義や実習を受けて卒業を認められ、獣医師国家試験に合格しなくてはならない。晴れて獣医師となれば、動物の専門家としての社会的役割を担うことが期待される職業だ。私が勤める大学でも、獣医師を目指す学生の多くは、「動物の命を救うこと」に獣医師としての強い使命感を抱いている。しかし大学では、病気や怪我の治療などの臨床的な知識や技術だけでなく、動物の体の構造や生理、麻酔や安楽殺の方法についても学ぶ。そう考えれば、動物の命を救うという使命だけではなく、社会が必要とする場合には、適切な方法で「人道的に動物の命を終わらせる」ことも獣医師の社会的使命であり、行政からの殺処分処置の依頼があれば可能な限り協力すべきだと、私は考えている。もちろん、毎年六万頭も捕獲されるすべてのアライグマの人道的殺処分を、獣医師だけで行っているわけではない。今では、捕獲わなに入ったままでアライグマの人道的殺処分が可能な装置なども普及していて、導入している自治体や事業者も多い。これらの装置は、一定の知識と技術を身につければ容易に操作でき、アライグマに対しても操作者に対しても、できる限りストレスをかけずに運用できるような工夫もされている。（図6-11）。

私は、捕獲された個体を研究として利用させていただいた。やむをえず命を奪わねばならないのであれば、研究だけではなく、資源として有効利用してはどうか、と考えるかもしれない。実際に、シカやイノシシでは、有害鳥獣捕獲された一部の個体の肉や毛皮が利用されている。国や地方が推奨していることもあって、シカやイノシシでは、ジビエ振興として商業化の動きは全国各地で広がっている。しかし、シカやイノシシなどの在来種とは違って、外来種対策では、捕獲された個体の肉や毛皮などを商品化し、安易に経済的価値を与えるのは避けるべきである。外来種対策では、究極的には、その動物を地域から根絶させることを目指している。地域からいなくなってしまったり数が減ってしまうことは、外来種を資源にして利益を得る事業者にとっては、「好ましくない」状況にほかならない。そのため、できれば根絶されないでずっと生息し続けてほしいという、「持続的利用の需要」が生じることになる。持続的利用の需要が大きくなれば、個体数や分布域が減少しないようにと、違法な放野が発生する可能性すらある。これは、実際に違法放流が後を絶たない、いわゆるブラックバスを考えれば、想像しやすいだろう。このような点からも、外来種対策においては、捕獲された個体に市場価値を与えるような経済活動は、慎重にしなくてはならないのである。

図 6-11　人道的なアライグマ殺処分装置
ある自治体が導入したアライグマ用の人道的殺処分装置。アライグマを捕獲わなごと入れることができ、自動で適切な濃度の炭酸ガスを注入することで、人道的に殺処分することができる。(2009 年著者撮影)

4　野生動物を飼うということ

実話をもとに制作されたテレビアニメ「あらいぐ

まラスカル」では、主人公オスカーがラスカルを手放すことになった理由の一つとして、成長してラスカルが手に負えなくなってしまったことが描かれていた。オスカーとラスカルの別れのシーンは、切なく悲しい最大のクライマックスだ。「だれも悪くない、けれど仕方がなかったのだ」と思わずにはいられない場面だ。もちろん、アニメの制作には、クリエイターだけではなく、さまざまな人たちや企業が関わったはずで、ここで特定のだれかが悪いというつもりはまったくない。しかし、この切ないオスカーとラスカルの別れのシーンを、誤った美化で解釈した人たちは少なくないだろう。

物語の舞台であるアメリカのウィスコンシン州では、アライグマは在来種だ。なので、途中で手に負えなくなったラスカルを、もともとアライグマが生息している地域で野生に放すこと自体は、外来種問題を引き起こさない。しかし、日本でということになれば、話はまったく別なのだ。「はじめはかわいかったけど、(半年も経たないうちに)大きくなってきたら、私の知っているラスカルとは違ってきた。なんか凶暴だし、あまり慣れないし、もう飼えそうにない。こんなんじゃ、だれももらってくれないだろうだから、ラスカルと同じように自然に『帰してあげる』ほうがいいかな。一生狭い檻じゃなくて自由に生活できるし、ラスカルと同じようにこの子にとっても幸せなはず」などと考え、実際に野外に放した話を聞いたことがある。こんなふうに、ラスカルの別れのシーンを都合よく解釈し、野生に放してしまったケースは、少なくなかっただろう。

日本では(もちろん外国でも)、アライグマに限らず、飼えなくなったペットを野外に放してしまう人たちは意外と多い。わが国での外来種の定着状況を見れば、観賞魚や爬虫類をはじめとして、飼育動物の放野事例がとても多いことは疑いようがない。しかし、飼えなくなった動物を野に放すことは、ほんとうに「優しい」ことなのだろうか、その動物にとって「幸せ」なことなのだろうか。私はけっしてそうは思えないのである。人間の手で育てられた動物は、本来は親から学ぶべき、野生で生きるすべをなにも持ち合わせていない。食べものの探し方や捕り方、人間や天敵、車などの危険なものから身を守る方法も知らない。十分に餌も水も用意され、快適で危険のない飼育環境で育ってきたアライグマが、ある日突然「未知の野」に放されれば、飢えたり、事故に遭ったり、ほかの動物から襲われる目に遭うことは、容易に想像できる。そんなおそろしいことが、放した「本人の目の前で」起きていないだけなのだ。野生に放せば「自由」と考えるのは人間の身勝手な思い込みにすぎず、アライグマにとっては「不自由」で「迷惑」きわまりないことで、優しさでもなんでもないのではないか、と思えてならないのである。

私は、アライグマの研究や対策に関わってきた経験から、ペットを飼うことについても、いろいろと考えるようになった。今や小学校でも教わることだが、ペットを最期まで責任を持って飼うことが、いかに大切であるかも痛感している。最期まで飼うつもりだったがやむをえず飼えない事情になり、譲渡先もない場合でも、野生に放すことはペットにとってまったく幸せなことではないことを、ぜひとも思い出してほしい（図6-12)。安易に勧めるわけではないが、どんなに探しても選択肢がほかにない場合には、動物病院などで安楽殺について相談するくらいの覚悟があってしかるべきだ、と感じている。それほど、ペットを飼うということは、その動物の命を預かる大きな責任をともなう行為なのである。それでもペットを飼いたいと思うのであれば、ライフスタイルの変化の予測、動物本来の性質や寿命も考えて、自分にはどんなペットが適切か、ほんとうに最期まできちんと飼育できるか、事前にしっかりと

図 6–12　野外に生きものを放すことで起きる外来種問題の啓発ポスター
（環境省野生生物課外来生物対策室「外来種、なにがダメ？」2020 より）

考えるとよいだろう。アライグマは、ペットとして飼育しやすいように品種改良されたイヌやネコ、カイウサギ、モルモット、フェレットなどの動物とは根本的に異なり、野性を持ち合わせた動物だ。購入希望者に適切な指導をせずにアライグマを販売した業者も、野生動物であることを深く考えず安易にアライグマを飼育して野に放してしまった人たちも、今では毎年六万頭もの命が奪われなくてはならない現状になっていることを、けっして忘れないでほしい。

近年では、エキゾチックアニマルがもてはやされ、めずらしい動物を飼育したいと考える人たちは多い。希少性が高い動物であればあるほど、市場価値は跳ね上がる。インターネットで少し検索すれば、数十万円もするエキゾチックアニマルが、ざらに販売されている。販売されているものの多くは、人工飼育で繁殖させた個体であると表示されているが、繰り返しの近親交配による繁殖障害を防ぐため、野生個体をほしがる繁殖業者は少なくない。希少種は、当然のことながら、原産地でも個体数が減少している。高値で取引されるがゆえに、原産地での過剰採集や密猟、密輸を助長してしまう。実際に、ＴＲＡＦＦＩＣジャパンオフィスの報告書（北出・成瀬 二〇二〇）によれば、ワシントン条約に掲載されて商業取引が禁止されている希少種の密輸が、税関で摘発される事例は日本でも多く、二〇〇七年から二〇一八年までで、一〇〇〇個体以上が輸入を差し止められ、それらの合計推定価格は五四一〇万円から一億二五六〇万円だったと記載されている。東南アジアからの密輸が多く、その七割は爬虫類だが、コツメカワウソ（*Aonyx cinereus*）やベンガルヤマネコ（*Prionailurus* spp.）なども含まれていたというから驚きだ。めずらしいエキゾチックアニマルの人気によって市場価値が高まることで、私たちが知らないうちに、はるか遠い原産地では野生動物とその生息地が失われる状況を生んでいるという現実に、もっと目を向けるべきではないだろうか。

では、野生動物を飼うのではなく、野生動物を見るということに、目を向けてみよう。気軽に野生動物を見ることができる場所はどこか？　多くの方は、動物園や水族館を思い浮かべるだろう。意外と知られていないかもしれないが、日本にはたくさんの動物園や水族館がある。日本動物園水族館協会に加盟している園館だけでも、動物園が八九、水族館が五一もあり、この多さは世界的に見ても突出している。つまり、たとえペットとして野生動物を飼わなくても、日本では身近にある動物園や水族館に足を運べば、外国に生息するめずらしい動物を気軽に観察できる環境が、世界でもっとも整っているのである。それに日本には、非常に多くの固有の生物が生息している。動物だけを見ても、陸生哺乳類五〇種（全種の約四割に相当）、鳥類一六種、爬虫類六〇種（同約六割）、両生類六三種（同約八割）、淡水魚類一三八種、鱗翅類（チョウやガの類）一七二〇種、陸・淡水産腹足類（巻き貝の類）七四六種は、世界で日本にしか生息していないという驚異的な固有種大国なのである。よく知っているアカハライモリ（*Cynops pyrrhogaster*）も、ニホンカナヘビ（*Takydromus tachydromoides*）も、アオダイショウ（*Elaphe climacophora*）も、キジ（*Phasianus versicolor*）も、ムササビ（*Petaurista leucogenys*）もすべて、野生では日本でしか見ることができない。それに自然が多い日本では、少し郊外に行って森や水辺を散策すれば、たくさんの在来の生きものに簡単に出会うことができる。野外で暮らしている動物たちのいきいきとした力強い動きを見るだけで心が躍り、その美しさに感動し、威厳すら感じるだろう。野生動物は、厳しい自然環境で自由に生活すべき生きもので、ペットとして手元に置くものではない、と思えるはずだ。野生動物は生態系の一部であり、尊厳を持って一定の距離を保って見守るものだと、私は考えている。

5　外来種問題と教訓

アライグマという外来種問題について、生物多様性の視点から、もう少し触れておきたい。そのために、タイムマシンに乗って、地球の歴史をさかのぼってみよう。私たちが暮らしているこの地球は、今からおよそ四六億年前に誕生したと考えられている。そして、さまざまな「奇跡的な偶然」の結果、原始の生命体が地球に誕生したのは、今から三八億年ほど前だとされている。この原始の生命体は、さまざまな環境に適応しながら進化し、複雑な種分化（ある種から別の種が生まれる）と絶滅とを何度も繰り返し、地球には多様な生物相が育まれてきたのである。現在、地球には、五〇〇万とも三〇〇〇万ともいわれる生物種が生息していると推測されている。しかし、驚くことに、これまでに確認されている既知の生物はわずか一七五万種ほどなので、世界の野生生物については知らないことだらけである。これら地球に生息しているたくさんの種類の生物には、それぞれ「個性」があり、それらは直接あるいは間接的に関係して支え合って、バランスを保ちながら生きている。このことを「生物多様性」という。

はるか昔から私たち人類は、多様な野生生物を、食料や衣類、医薬品などとして利用していて、それは今も基本的には変わらない。私たちの食卓に毎日のぼる米やパン、おいしいお肉や牛乳、手ごろに味わえる養殖の魚介類、ビタミンやミネラルが豊富で見た目も美しい野菜などはすべて、野生種が地球に誕生していなかったら味わえないものばかりだ。つまり、今日の私たちの快適な生活は、地球が三八億年という長い歴史で育んできた生物多様性の恩恵なしには、成り立たないのである。

じつは、その生物多様性の発達と維持において、「生物が本来持っている能力で移動できる範囲は限られている」ということは、重要な意味を持っている。なぜなら、一般に種分化が起こるためには、もとの集団から一部の集団が地理的に隔離され、もとの集団との遺伝的な交流（哺乳類でいうと交配）が断たれることが、必要だからだ。遺伝的な交流が、地理的に隔離されて分断した集団の中でのみ行われて世代交代が繰り返されるうちに、もとの集団とは違う独自の遺伝的な特徴が固定されていく。そうして、もとは同じ種だったものが、やがて新種へと分化していくことが繰り返され、今日に見るような多種の生きものが、地球に誕生したからである。

さて、われわれ現生人類（ホモ・サピエンス）が地球に出現したのはどれくらい昔のことか、ご存じだろうか。現生人類の起源は、進化学の中でも一番ホットな研究テーマで、おそらくそのはじまりは二〇万年前から三〇万年前だと考えられているようだ。一見すると途方もない昔に思えるが、地球の誕生から現在までの四六億年を一年間に置き換えてみると、現生人類の出現は、今からほんの三〇分前に起きたごく最近のできごと、ということになる。つまり、地球が誕生したときを元旦〇時とすれば、私たち現生人類が地球に誕生したのは、大晦日の紅白歌合戦で大トリが歌いはじめるころ、というわけだ。そんなごく最近に地球に誕生した現生人類は、やがて、優れた知能を生かして個体数を増やし、地上のあらゆる場所に移動して定住することに成功していった。世界の人口は、紀元〇年には三億人ほどであったと推測されている。しかし、一八〇〇年には約一〇億人となり、農畜産物の生産性や医療・公衆衛生分野の技術の向上などによって、それからわずか二〇〇年後には、約六〇億人と爆発的に増加した。紀元〇年というと、地球誕生からの歴史を一年間に置き換えた場合は、ほんの一四秒前のできごとだ。つまり、テレビコマーシャルよりも短い時間で、地球の人口は、三億人から六〇億人に増加したのだ。環境に与える影響の大きさ、驚異的な増加率と個体数の多さ、生息範囲の広さを考慮すると、われわれ人類は、地球に生息する生物としてはきわめて特異な優占種になったのである。このテレビコマーシャルよりも短い時間の間で、開発、環境汚染、乱獲などによる、野生生物の絶滅や生息地の破壊など、われわれ人類が生物多様性に与えてきた負の影響は、かつて地球が経験したことがない規模で短時間のうちに進んでいった。とくに、産業革命以降は、陸や海のみならず空をも短時間で簡単に往来できる交通手段が発達し、人間と物資のグローバルな移動が日常化し、意図的か偶発的かを問わず、多くの生きものが「本来の」移動能力を超えて移動することが可能となった。生物多様性の発達や維持において重要な意味を持っていた、「生物が本来有する能力で移動できる範囲には制限がある」という、三八億年間変わらなかった絶対的な地球のルールが、いとも簡単に瞬時に覆される事態になってしまったというわけだ。

さて、私たちが住む日本列島の原型は、プレート運動によって、ユーラシア大陸の一部だったものが切り離されて形成されたと考えられている。その後、地殻運動に加えて、氷期と温暖期という地球規模の気候変動を何度か経験して、少しずつ列島が形成されていった。氷期では、海面が大きく下がり陸地が拡大するので、最終氷期が終わる一万五〇〇〇年前までは、大陸と陸続きになることもしばしばあったとされている。その後、一万年ほど前には、海面の高さが現在とほぼ同じになり、大陸から完全に分離したと考えられている。そうなると、野生生物は、大陸から日本に陸伝いに移動してくることはできなくなり、日本には独自の生態系が育まれるようになった。このように、一万年という長い時間をかけ、唯一無二の独自性を育んできた日本の固有の生態系だったが、わずか二〇〇年前からはじまった本格的な対外貿易にともなう外来種の侵入によって、大きな影響を受ける事態になったのである。

いうまでもなく、外来種は日本でだけ問題になっているわけではない。世界各地で、捕食などによる在来種の絶滅、在来種との交雑による遺伝的攪乱など、生物多様性に不可逆的な影響をおよぼしている。このため、外来種問題は、国際的に取り組むべき生物多様性保全上の大きな課題として認識されている。二〇二三年四月現在、日本を含む一九四カ国、EU、パレスチナが締結している「生物多様性条約」においても、「生態系、生息地若しくは種を脅かす外来種の導入を防止し又はそのような外来種を制御し若しくは撲滅すること」を可能な限り行うよう、明記されている。つまり、締約国である日本も、適切な外来種対策を行うことが国際的に求められている、ということだ。

外来種問題は、意図的であれ偶発的であれ、人間によって引き起こされたものだ。そのため、外来種問題を解決するための「犠牲」をできるだけ抑えた対策の実行は、原因をつくった私たち人間の責任である。外来種対策においては、その目的は生物多様性を保全することであって、外来種を排除すれば問題解決ではない、ということを忘れてはならない。外来種の排除は、あくまでも、在来の生態系の回復、生物多様性の保全のための、一つの方法（アプローチ）なのである。

アライグマは、定着からわずか五〇年で全国規模で分布拡大してしまった。今や、日本からの完全な根絶はきわめてむずかしい状況だといわざるをえない。アライグマ問題をとおして私たちは、外来種対策には初期対応が重要であること、予防原則にしたがった対策が効果的であること、を教訓にすべきだろう。やむをえずとはいえ、かけがえのない日本の生物多様性の保全のために、今もアライグマの命が犠牲になっている現状を忘れず、二度と同じ過ちを繰り返してはならないのである。

おわりに

本書を執筆するにあたり、意外と知られていないアライグマの生態を、まずは紹介したいと考えた。そこで、執筆の前に、アライグマの純粋な生物学的研究が多くなされた北米における論文や書籍などをあらためて読みなおし、それらを抜粋してアライグマの動物生態学的な情報を冒頭で幅広く紹介することにした。一方、私が四半世紀以上関わっている、外来種としての日本のアライグマについてどう紹介するかについては、なかなか考えが定まらなかった。構成を考え、いざ文章を書いた後も納得ができずに書きなおし、堂々巡りを繰り返して悩みながらまとめた一冊である。

本書を読み終え、日本でのアライグマの野生化の経緯や被害対策の現状に対し、感じることはさまざまだろう。そのさまざまな思いに「唯一無二の正解」というものもない。それは、アライグマを含む野生動物はだれの所有物でもなく、野生動物との関わり方もさまざまで、動物愛護や環境保全に対する考え方は経験や育った環境によっても多様だからだ。

職業柄私は、動物に関心がある子どもや大人、鳥獣行政の担当者など、さまざまな人たちと話をすることがある。その際に、命の大切さはいうまでもなく、生物多様性保全の手段である外来種対策では、ときとして動物の命の取り扱いに優先順位が求められることも伝えている。動物好きな人たちにとっては、残酷だと感じたり、嫌悪感を抱かれたりもするだろう。しかし、外来種対策を進めるうえでは避けては通れない問題として、事実を正直に伝えることが大切だと考えている。

本書執筆の背景として、少しだけ私の生い立ちを紹介したい。私は、一九七〇年に千葉県で生まれ、宅地造成があまり進んでいなかった地域で小学校卒業までを過ごした。周囲が森や田んぼ、小川だったからか、小学校入学前から生物には強い関心を持つようになった。当時は、近所にはあたりまえのようにホタルがいたし、メダカも川で獲ることができたので、虫捕りや魚釣りと毎日泥だらけだった。そんな幼少期のころから、将来は野生動物の研究をしてみたいという、漠然とした夢を抱いていた。

しかし、中学校進学のタイミングで父の仕事のために仙台に転居し、高校卒業までを過ごすことになった。田舎で虫捕り網を振りまわす生活から一転、都会で暮らすことにはなったが、故郷の自然を忘れることはなかった。仙台で過ごしていた六年の間に、千葉の実家周辺では造成が進み、森や小川はなくなり、カブトムシもホタルもメダカも消えた。子どものころにあたりまえにあった自然は、あたりまえではなかったことを、痛切に感じた思い出だ。

やがて、北海道大学に入学が決まり、また自然の中で動物に触れ合える生活ができることがうれしかった。獣医学部に進学し、卒業後は小動物病院で勤務医をした。しかし、ペットだけを扱う仕事にものたりなさも感じ、三年ほどで退職して母校の大学院博士課程に入学し、新設されたばかりの生態学研究室（当時）で、ようやく野生動物の研究をはじめたのだった。

さて、当時の北海道には、さまざまな動物の研究者がいた。学部や大学を超えたゼミなどの学生交流も活発だった。そんな交流をとおして、魚類、鳥類、哺乳類などのさまざまな動物の調査を経験した。

野生動物の研究は多様で、行動、繁殖などの生物学や生態学など、動物と向き合って謎を解き明かしてゆく学術分野がある一方で、希少種の保全や増えすぎた動物の個体群管理など、動物だけではなく人間とも向き合いながら課題の解決策を考える学術分野もある。指導教員だった大泰司紀之教授は、幼少期からの漠然とした野生動物への関心だけで研究の知識も技術もなかった私に、人間との関わりを無視できない野生動物管理の入門として、外来種アライグマを研究テーマとして勧めてくださったのだろう。

博士課程修了後は、北海道を離れて岐阜大学の研究員として傷病鳥獣救護にたずさわった。個体群や生態系というレベルで考えるべき野生動物管理と、個体に焦点があてられがちな傷病鳥獣救護とでは、命の取り扱い方針が異なる場合が多い。野生動物の命を奪うこと、野生動物を治療すること、さまざまな経験をとおして、これから自分が獣医師や研究者として野生動物とどう関わっていきたいのかが、定まったように思う。その後、現職である岐阜大学の教員となり、アライグマなどの外来種に限らず、県内外の在来種や天然記念物まで、野生動物の保全や管理にも関わるようになっている。

東京大学出版会編集部の光明義文さんから、「アライグマ本」の執筆のお話を頂戴したのは、二〇一八年末であった。当初は一年で原稿をまとめる約束だったのだが、原稿を先延ばし先延ばしにした結果、完成までに六年も費やしてしまった。光明さんの叱咤激励がなければ、とても完成には至らなかった。辛抱強く背中を押し続けてくださった光明さんには、心からお礼を申し上げたい。光明さんからは、執筆にあたり二つの依頼があった。一つは、初学者のためにアライグマはどういう動物か、外来種として日本でどのような経緯をたどってきたかをまとめること、もう一つは、捕獲や殺処分についてどのように考えるかに触れること、であった。このご依頼をもとに、自身の経験や研究も紹介しながら本書をまとめたつもりである。アライグマの魅力や不思議を解説する本というより、アライグマ問題について紹介する内容が多く、期待とは違っていたと感じられた読者もおられるだろう。しかし、本書には、私の生い立ち、大学院でのアライグマ研究やさまざまな野生動物の調査、岐阜大学での傷病鳥獣救護など、さまざまな経験から感じてきた個人的な思いが反映されている。みなさんの知的好奇心を満たし期待にお応えできたのか、いささか懸念は残るが、「田舎暮らしの生きもの好き少年」が、やがてアライグマにたずさわるようになったヒストリーも、少し感じていただければ幸いである。アライグマという動物を知り、彼らが日本でたどった道を追いかけ、今起きている問題を学び、日本の生物多様性保全のために私たちがすべきことやできることを考える、本書がそのヒントとなれば望外の喜びである。

最後に、私に博士課程でのアライグマ研究の機会を与えてくださった北海道大学の大泰司紀之名誉教授、研究をサポートしてくださった北海道大学の池田透名誉教授、酪農学園大学の浅川満彦教授、岐阜大学の鈴木正嗣教授に深謝する。当時の北海道大学生態学研究室員の故八谷昇氏には、アライグマの年齢査定や頭骨標本作製を指導していただいた。また、ほかの室員にも研究のための有益な助言をいただいた。ほかにも、研究材料や本書に写真を提供していただいた、書ききれない多くの研究仲間にも心から感謝の意を表したい。そして、素敵なカバーイラストを描いてくださった柏木牧子さんにも、お礼を申し上げたい。また、本書の完成は、日ごろから私を支え続けてくれている家族や友がいなければなしえなかった。ほんとうにありがとう。最後に、私の手の中で眠っていった多くのアライグマに、心から哀悼の意を表する。

浅野　玄

【著者略歴】

一九七〇年　千葉県に生まれる
二〇〇三年　北海道大学大学院獣医学研究科博士課程（獣医学専攻）修了
小動物病院勤務獣医師、岐阜大学大学院連合獣医学研究科COEポスドク研究員、岐阜大学応用生物科学部講師などを経て、
現在　岐阜大学応用生物科学部共同獣医学科および同大学院共同獣医学研究科准教授、獣医学博士、獣医師
専門　野生動物医学・野生動物管理学

【主要著書】

『獣医学・応用動物科学系学生のための野生動物学』（分担執筆、二〇一三年、文堂堂出版）
『増補版　野生動物管理——理論と技術』（分担執筆、二〇一六年、文永堂出版）
『新版　獣医公衆衛生学実習』（分担執筆、二〇一六年、学窓社）
『神の鳥ライチョウの生態と保全——日本の宝を未来へつなぐ』（分担執筆、二〇二〇年、緑書房）
『コアカリ・野生動物学　第2版』（共編、二〇二三年、文永堂出版）ほか

海を渡ったアライグマ
人気者がたどった道

二〇二四年一一月一五日　初　版

検印廃止

著　者　浅野《あさの》　玄《まこと》
発行所　一般財団法人　東京大学出版会
代表者　吉見俊哉
一五三-〇〇四一　東京都目黒区駒場四—五—二九
電話：〇三—六四〇七—一〇六九
振替：〇〇一六〇—六—五九九六四
印刷所　株式会社　精興社
製本所　誠製本株式会社

ISBN 978-4-13-063962-0 Printed in Japan

引用文献

［和文］

阿部豪．2011．アライグマ——有害鳥獣捕獲からの脱却．日本の外来哺乳類——管理戦略と生態系保全（山田文雄・池田透・小倉剛，編）pp. 140-167．東京大学出版会，東京．

阿部永・石井信夫・伊藤徹魯・金子之史・前田喜四雄・三浦慎悟・米田政明．2005．日本の哺乳類［改訂版］．東海大学出版会，東京．

揚妻-柳原芳美．2004．愛知県におけるアライグマ野生化の過程と今後の対策のあり方について．哺乳類科学 44: 147-160．

安藤志郎・梶浦敬一．1985．岐阜県におけるアライグマの生息状況．岐阜県博物館調査報告 6: 23-30．

青山幾子・尾之内佐和．2018．大阪府におけるダニ媒介性感染症の実態把握と感染症リスクの検討．平成29年度大同生命厚生事業団地域保健福祉研究助成報告書：105-109．

アライグマ動態調査団．1989．可児川下流左岸丘陵地におけるアライグマ等野生動物調査報告書．アライグマ動態調査団，岐阜県．

千葉県．2021．第2次千葉県アライグマ防除実施計画．

恵庭市．2023．恵庭市鳥獣被害防止計画．

恵庭市役所総務部広報公聴課．1997．特集ラスカルを追え！ 広報ENIWA（恵庭市役所総務部広報公聴課）pp. 3-13．恵庭市，北海道．

藤木久志．2005．刀狩——武器を封印した民衆．岩波書店，東京．

堀繁久・的場洋平．2001．移入種アライグマが捕食していた節足動物．北海道開拓記念館研究紀要 29: 67-76．

池田透．1992．北海道における野生化アライグマの実態調査．平成3年度北海道科学研究事業報告書．

池田透．1995．北海道における野生化アライグマ実態アンケート調査(II)．平成6年度ホクサイテック財団研究開発支援事業報告書．

池田透．1999．北海道における移入アライグマ問題の経緯と課題．北大文学部紀要 47: 149-175．

池田透．2001．鎌倉市街地における移入アライグマの行動圏．日本生態学

会第48回全国大会講演要旨集：298.
池田透. 2006. アライグマ対策の課題. 哺乳類科学 46: 95–97.
池田透. 2008. 外来種問題——アライグマを中心に. 日本の哺乳類学②中大型哺乳類・霊長類（高槻成紀・山極寿一, 編）pp. 369–400. 東京大学出版会, 東京.
池田透. 2011. 日本の外来哺乳類——現状と問題点. 日本の外来哺乳類——管理戦略と生態系保全（山田文雄・池田透・小倉剛, 編）pp. 3–26. 東京大学出版会, 東京.
門崎允昭. 1996. 野生動物痕跡学事典. pp. 206–209. 北海道出版企画センター, 札幌.
梶浦敬一・安藤志郎. 1986. 岐阜県におけるアライグマの生息状況　その2——アライグマの夜間活動記録. 岐阜県博物館調査報告 7: 57–62.
金田正人. 2005. 外来生物アライグマによるトウキョウサンショウウオの被害. 第7回トウキョウサンショウウオ・シンポ公演要旨.
金田正人・大野正人. 1998. 神奈川県のトウキョウサンショウウオの分布と生息状況. 神奈川県自然誌資料 19: 1–4.
金田正人・山崎文晶・神山奈由子・加藤卓也・内山香・伊藤晴康. 2012. 外来生物アライグマの消化管内容物として見つかったトウキョウサンショウウオ卵嚢. 爬虫両棲類学会報 2: 107–109.
川田伸一郎・岩佐真宏・福井大・新宅勇太・天野雅男・下稲葉さやか・樽創・姉崎智子・横畑泰志. 2018. 世界哺乳類標準和名目録. 哺乳類科学 58 (Supplement): 1–53.
川道美枝子. 2000. シマリス. 冬眠する哺乳類（川道武男・近藤宣昭・森田哲夫, 編）pp. 143–161. 東京大学出版会, 東京.
川道美枝子・川道武男・金田正人・加藤卓也. 2010. 文化財等の木造建造物へのアライグマ侵入実態. 京都歴史災害研究 11: 31–40.
川中正憲・杉山広・森嶋康. 2002. 感染症の話——アライグマ回虫による幼虫移行症. 感染症発生動向調査週報 42: 16–18.
北出智美・成瀬唯. 2020. Crossing the red line——日本のエキゾチックペット取引. TRAFFICジャパンオフィス, 東京.
小泉信夫. 2003. 感染症の話——レプトスピラ症. 感染症発生動向調査週報 1・2: 9–11.
倉島治・庭瀬奈穂美. 1998. 北海道恵庭市に帰化したアライグマ（*Procyon lotor*）の行動圏とその空間配置. 哺乳類科学 38: 9–22.

草野保・川上洋一編著．1999．トウキョウサンショウウオは生き残れるか？――東京都多摩地区における生息状況調査報告書．トウキョウサンショウウオ研究会，東京．
前田健．2016．動物におけるSFTSウイルス感染状況．病原微生物検出情報 37: 51-53.
増田隆一．2011．ハクビシンの多様性科学．哺乳類科学 51: 188-191.
増田隆一．2023．ハクビシンの不思議――どこから来て，どこへ行くのか．東京大学出版会，東京．
宮下実．1993．アライグマ蛔虫 *Baylisascaris procyonis* の幼虫移行症に関する研究．生活衛生 37: 137-151.
宮下実・仲幸彦・藤吉圭二．2013．和歌山県の社寺におけるアライグマ被害の現状．近畿大学先端技術総合研究所紀要 18: 1-14.
中村一恵．1991．神奈川県におけるアライグマの野生化．神奈川自然誌資料 12: 17-19.
日本生態学会編．2002．外来種ハンドブック．地人書館，東京．
農林水産省．2023．令和4年産指定野菜（秋冬野菜等）及び指定野菜に準ずる野菜の作付面積，収穫量及び出荷量．
小田谷嘉弥・天白牧夫・大野正人・金田正人．2011．三浦半島におけるトウキョウサンショウウオの分布と生息状況（続報）．横須賀市博研報（自然）58: 17-22.
尾形夕香．2007．千葉県，大阪府および和歌山県に移入されたアライグマ（*Procyon lotor*）の捕獲個体分析．2006年度岐阜大学農学部獣医学科卒業論文．
柴田史仁．2000．ヤマネ．冬眠する哺乳類（川道武男・近藤宣昭・森田哲夫，編）pp. 162-186．東京大学出版会，東京．
スターリング・ノース．1976．はるかなるわがラスカル（亀山龍樹，訳）．角川文庫，東京．
鈴木和男．2007．アライグマの繁殖情報．田辺鳥獣害調査研究報告書（田辺鳥獣害対策協議会）pp. 15-32．田辺鳥獣害対策協議会，和歌山県．
高槻成紀・久保薗昌彦・南正人．2014．横浜市で捕獲されたアライグマの食性分析例．保全生態学研究 19: 87-93.
宇野太基・加藤卓也・藤岡芳幸・羽山伸一・川道美枝子・金田正人・河上栄一．2011．京都府亀岡市におけるアライグマ（*Procyon lotor*）の交尾時期の推定．第17回日本野生動物医学会大会講演要旨集：158.

野生動物保護管理事務所. 2008. 平成19年度関東地域アライグマ防除モデル事業調査報告書.
吉識綾子・的場洋平・浅川満彦・高橋樹史・中野良宣・菊池直哉. 2011. 北海道のアライグマからのレプトスピラの分離と抗体調査. 獣医疫学雑誌 15: 100–105.

[英文]

Aliev, F. F. and Sanderson, G. C. 1966. Distribution and status of the raccoon in the Soviet Union. Journal of Wildlife Management 30: 497–502.
Asano, M., Matoba, Y., Ikeda, T., Suzuki, M., Asakawa, M. and Ohtaishi, N. 2003a. Reproductive characteristics of the feral raccoon (*Procyon lotor*) in Hokkaido, Japan. Journal of Veterinary Medical Science 65: 369–373.
Asano, M., Matoba, Y., Ikeda, T., Suzuki, M., Asakawa, M. and Ohtaishi, N. 2003b. Growth pattern and seasonal weight changes of the feral raccoon (*Procyon lotor*) in Hokkaido, Japan. Japanese Journal of Veterinary Research 50: 165–173.
Bartoszewicz, M. 2011. NOBANIS-Invasive alien species fact sheet-*Procyon lotor*. Online Database of the European Network on Invasive Alien Species.
Bigler, W. J., McLean, R. G. and Trevino, H. A. 1973. Epizootiologic aspects of raccoon rabies in Florida. American Journal of Epidemiology 98: 326–335.
Bigler, W. J., Hoff, G. L. and Johnson, A. S. 1981. Population characteristics of *Procyon lotor marinus* in estuarine mangrove swamps of southern Florida. Florida Scientist 44: 151–157.
Bissonnette, T. H. and Csech, A. G. 1938. Sexual photoperiodicity of Raccoons on low protein diet and second litters in the same breeding season. Journal of Mammalogy 19: 342–348.
Clark, W. R., Hasbrouck, J. J., Kienzler, J. M. and Glueck, T. F. 1989. Vital statistics and harvest of an Iowa raccoon population. Journal of Wildlife Management 53: 982–990.
Cuarón, A. D., de Grammont, P. C. and McFadden, K. 2016. *Procyon pyg-*

maeus. *In*: The IUCN red list of threatened species 2016: e. T18267A45201913.
Dunn, J. P. and Chapman, J. A. 1983. Reproduction, physiological responses, age structure, and food habits of raccoon in Maryland, USA. Z. Säugetierkunde 48: 161–175.
Ellis, R. J. 1964. Tracking raccoons by radio. Journal of Wildlife Management 28: 363–368.
Fritzell, E. K. 1978. Habitat use by prairie raccoons during the waterfowl breeding season. Journal of Wildlife Management 42: 118–127.
Fritzell, E. K., Hubert, G. F. Jr., Meyen, B. E. and Sanderson, G. C. 1985. Age-specific reproduction in Illinois and Missouri raccoons. Journal of Wildlife Management 49: 901–905.
Gehrt, S. D. 1988. Movement patterns and related behavior of the raccoon, *Procyon lotor*, in east-central Kansas. M. S. Thesis, Emporia: Emporia State University.
Gehrt, S. D. 2003. Raccoon *Procyon lotor* and allies. *In*: Wild Mammals of North America: Biology, Management, and Conservation. 2nd ed. (Feldhamer, G. A., Thompson, B. C. and Chapman, J. A., eds.) pp. 611–634. The Johns Hopkins University Press, Baltimore.
Gehrt, S. D. and Fritzell, E. K. 1998. Duration of familial bonds and dispersal patterns for raccoons in South Texas. Journal of Mammalogy 79: 859–872.
Gehrt, S. D. and Fritzell, E. K. 1999. Behavioural aspects of the raccoon mating system: determinants of consortship success. Animal Behaviour 57: 593–601.
Glueck, T. F., Clark, W. R. and Andrews, R. D. 1988. Raccoon movement and habitat use during the fur harvest season. Wildlife Society Bulletin 16: 6–11.
Goldman, E. A. 1950. Raccoons of north and middle America. North American Fauna 60: 1–153.
Greenwood, R. J. 1981. Foods of prairie raccoons during the waterfowl nesting season. Journal of Wildlife Management 45: 754–760.
Hartman, L. H., Gaston, A. J. and Eastman, D. S. 1997. Raccoon predation on ancient murrelets on East Limestone Island, British Columbia.

Journal of Wildlife Management 61: 377–388.

Hartman, L. H. and Eastman, D. S. 1999. Distribution of introduced raccoons *Procyon lotor* on the Queen Charlotte Islands: implications for burrow-nesting seabirds. Biological Conservation 88: 1–13.

Hoffmann, C. O. and Gottschang, J. L. 1977. Numbers, distribution, and movements of a raccoon population in a suburban residential community. Journal of Mammalogy 58: 623–636.

Hohmann, U. and Bartussek, I. 2001. Der Waschbär. Reutlingen, Oertel and Spörer, Berlin.

Hohmann, U., Voigt, S. and Andreas, U. 2001. Quo vadis raccoon? New visitors in our backyards-On the urbanization of an allochthone carnivore in Germany. *In*: Naturschutz und Verhalten (Gottschalk, E., Barkow, A., Mühlenberg, M. and Settele, J., eds.) pp. 143–148. UFZ-Berichte, Lepzig.

IUCN. 2000. IUCN guidelines for the prevention of biodiversity loss caused by alien invasive species.

Johnson, A. S. 1970. Biology of the raccoon (*Procyon lotor varius* Nelson and Goldman) in Alabama. Bulletin of Auburm University Experiment Station 402: 1–148.

Kadlec, J. A. 1971. Effects of introducing foxes and raccoons on herring gull colonies. Journal of Wildlife Management 35: 625–636.

Kato, T., Ichida, Y., Tei, K., Asano, M. and Hayama, Y. 2009. Reproductive characteristics of feral raccoons (*Procyon lotor*) captured by the pest control in Kamakura, Japan. Journal of Veterinary Medical Science 71: 1473–1478.

Kaufmann, J. H. 1982. Raccoon and allies. *In*: Wild Mammals of North America: Biology, Management, and Economics (Chapman, J. A. and Feldhamer, G. A., eds.) pp. 567–585. The Johns Hopkins University Press, Baltimore.

Kazacos, K. R. and Boyce, W. M. 1989. *Baylisascaris* larva migrans. Journal of the American Veterinary Medical Association 195: 894–903.

Kennedy, M. L., Baumgardner, G. D., Cope, M. E., Tabatabai, F. R. and Fuller, O. S. 1986. Raccoon (*Procyon lotor*) density as estimated by the census-assessment line technique. Journal of Mammalogy 67:

166-168.

Koizumi, N., Uchida, M., Makino, T., Taguri, T., Kuroki, T., Muto, M., Kato, Y. and Watanabe, H. 2009. Isolation and characterization of *Leptospira* spp. from raccoons in Japan. Journal of Veterinary Medical Science 71: 425-429.

Leger, F. 1999. The raccoon in France. (Le raton-laveur en France.) Le Bulletin Mensuel de L'Office National de la Chasse 241: 16-37.

Llewellyn, L. M. 1953. Growth rate of the raccoon fetus. Journal of Wildlife Management 17: 320-321.

Llewellyn, L. M. and Enders, R. K. 1954. Ovulation in the raccoon. Journal of Mammalogy 35: 440.

Lotze, J. and Anderson, S. 1979. *Procyon lotor*. Mammalian Species 119: 1-8.

Lutz, W. 1984. Die Verbreeitung des Waschbären (*Procyon lotor*, Linné 1758) im mitteleuropäischen Raum. Zeitschrift für Jagdwissenschaft 30: 218-228.

Lutz, W. 1996. The introduced raccoon *Procyon lotor* population in Germany. Wildlife Biology 2: 228.

Ma, X., Monroe, B. P., Cleaton, J. M., Orciari, L. A., Li, Y., Kirby, J. D., Chipman, R. B., Petersen, B. W., Wallace, R. M. and Blanton, J. D. 2018. Rabies surveyllance in the United States during 2017. Journal of the American Veterinary Medical Association 253: 1555-1568.

Matsuo, R. and Ochiai, K. 2009. Dietary overlap among two introduced and one native sympatric carnivore species, the raccoon, the masked palm civet, and the raccoon dog, in Chiba Prefecture, Japan. Mammal Study 34: 187-194.

McLean, R. G. 1970. Wildlife rabies in the United States: recent history and current concepts. Journal of Wildlife Diseases 6: 229-235.

Mech, L. D., Barnes, D. M. and Tester, J. R. 1968. Seasonal weight changes, mortality, and population structure of raccoons in Minnesota. Journal of Mammalogy 49: 63-73.

Mitchell, M. A., Hungeford, L. L., Nixon, C., Esker, T., Sullivan, J., Koerkenmeier, R. and Dubey, J. P. 1999. Serologic survey for selected infectious disease agents in raccoons from Illinois. Journal of Wildlife

Diseases 35: 347–355.
Moore, D. W. and Kennedy, M. L. 1985. Weight changes and population structure of raccoons in Western Tennessee. Journal of Wildlife Management 49: 90–99.
Mugaas, J. N. and Seidensticker, J. 1993. Geographic variation of lean body mass and a model of its effect on the capacity of the raccoon to fatten and fast. Bulletin of the Florida Museum of Natural History 36: 85–107.
Mugaas, J. N., Seidensticker, J. and Mahlke-Johnson, K. P. 1993. Metabolic adaptation to climate and distribution of the raccoon *Procyon lotor* and other Procyonidae. Smithsonian Contributions to Zoology 542: 1–34.
Müller-Using, D. 1959. Die Ausbreitung des Waschbären (*Procyon lotor* [L.]) in Westdeutschland. Zeitschrift für Jagdwissenschaft 5: 108–109.
Reid, F., Helgen, K. and González-Maya, J. F. 2016. *Procyon cancrivorus*. *In*: The IUCN Red List of Threatened Species 2016: e. T41685A45216426.
Riley, S. P. D., Hadidian, J. and Manski, D. A. 1998. Population density, survival, and rabies in raccoons in an urban national park. Canadian Journal of Zoology 76: 1153–1164.
Roscoe, D. E. 1993. Epizootiology of canine distemper in New Jersey raccoons. Journal of Wildlife Diseases 29: 390–395.
Sanderson, G. C. 1987. Raccoon. *In*: Furbearer Management and Conservation in North America, (Novak, M., Baker, J. A., Obbard, M. E. and Malloch, B. eds.) pp. 487–499. Ontario Trappers Association, Ontario.
Sanderson, G. C. and Nalbandov, A. V. 1973. The reproductive cycle of the raccoon in Illinois. Illinois Natural History Survey 31: 29–85.
Scheffer, V. B. 1947. Raccoons transplanted in Alaska. Journal of Wildlife Management 11: 350–351.
Seidensticker, J., Johnsingh, A. J. T., Ross, R., Sanders, G. and Webb, M. B. 1988. Raccoons and rabies in Appalachian mountain hollows. National Geographic Research 4: 359–370.
Sherfy, F. C. and Chapman, J. A. 1980. Seasonal home range and habitat

utilization of raccoons in Maryland. Carnivore 111: 8–18.
Sherman, H. B. 1954. Raccoons of the Bahama Islands. Journal of Mammalogy 35: 126.
Shieff, A. and Baker, J. A. 1987. Marketing and international fur markets. *In*: Wild Furbearer Management and Conservation in North America (Novak, M., Baker, J. A., Obbard, M. E. and Malloch, B. eds.) pp. 862–877. Ontario Trappers Association, Ontario.
Stains, H. J. 1956. The Raccoons in Kansas: Natural History, Management, and Economic Importance. University of Kansas, Kansas.
Stuewer, F. W. 1943. Raccoons: their habits and management in Michigan. Ecological Monographs 13: 203–257.
Suzuki, J., Nishio, Y., Kameo, Y., Terada, Y., Kuwata, R., Shimoda, H., Suzuki, K. and Maeda, K. 2015. Canine distemper virus infection among wildlife before and after the epidemic. Journal of Veterinary Medical Science 77: 1457–1463.
Timm, R., Cuarón, A. D., Reid, F., Helgen, K. and González-Maya, J. F. 2016. *Procyon lotor*. *In*: The IUCN Red List of Threatened Species 2016: e.T41686A45216638.
U. S. Department of Agriculture, Animal and Plant Health Inspection Service. 2019. National Rabies Management Program, FY2019 ORV Distribution Summery.
U. S. Fish and Wildlife Service and U. S. Census Bureau. 2016. 2016 National Survey of Fishing, Hunting, and Wildlife-Associated Recreation.
World Health Organization. 2018. WHO Expert Consultation on Rabies: Third Report.
Yeager, L. E. and Elder, W. H. 1945. Pre- and post-hunting season foods of raccoons on an Illinois goose refuge. Journal of Wildlife Management 9: 48–56.
Zeveloff, S. L. 2002. Raccoons: A Natural History. Smithsonian Institution Press, Washington DC.